Claus-Jürgen Jacobson

Faszination Güterzug

575
575
176

Claus-Jürgen Jacobson

Faszination Güterzug

trans press

Einbandgestaltung: Medienfabrik GmbH, 71696 Möglingen
Titelbild: Zwei Lokomotiven der Reihe QJ auf Bergfahrt am Jingpeng-Pass in der Inneren Mongolei.
Aufnahme: Dirk Höllerhage

Seite 2: Lok 575 der Eisenbahn und Häfen (EH) am 14. Juli 2003 in Duisburg.
Aufnahme: Slg. Joachim Stender

ISBN 978-3-613-71320-8

1. Auflage 2007

Ein Unternehmen der Paul Pietsch-Verlage GmbH & Co.

Sie finden uns im Internet
unter www.transpress.de

Lektor: Hartmut Lange
Innengestaltung: Hartmut Reinhardt
Repro: digi bild reinhardt, 73037 Göppingen
Druck und Bindung: Kessler Druck und Medien, 86399 Bobingen
Printed in Germany

Vorwort

Ein Buch über den Güterverkehr auf der Schiene weltweit – geht das überhaupt? Als wir erstmals von dieser Idee hörten, waren wir überrascht. Viel zu umfassend und unübersichtlich erschien uns der Stoff, zumal der Band auch nach Möglichkeit großzügig illustriert sein sollte. Aber nach einigem Nachdenken wollten wir uns der Herausforderung stellen. Das Ergebnis liegt hiermit vor. Ein Grundlagenwerk über Geschichte, Gegenwart und Zukunft des Schienengüterverkehrs kann und will dieses Buch nicht sein. Auch eine Typenkunde über Güterwagen oder ein Handbuch über Verladetechniken wollten wir dem Leser nicht zumuten. Vielmehr ist es das Anliegen dieses Buches, einen bunten Streifzug durch die Welt der Eisenbahn zu unternehmen. Güterzüge fahren auf allen Gleisen dieser Welt. Entsprechend farbenfroh und vielfältig präsentieren sich die Eisenbahnen, Züge und Landschaften. Einen kleinen Ausschnitt aus dieser Vielfalt wollen wir in diesem Buch vorstellen. Kleine Züge auf krummen Schienen zeigen wir ebenso wie kilometerlange Wagenschlangen. Wir entdeckten technische Höchstleistungen, geniale Erfindungen, kuriose Ideen und abenteuerliche Geschichten, als wir an diesem Buch arbeiteten. Und wir sammelten zahlreiche eindrucksvolle Aufnahmen von Güterzügen aus der ganzen Welt – die Bilder, die uns am besten gefielen, haben wir für die folgenden Kapitel ausgewählt.

Ein solches Buch kann nur entstehen, wenn viele zusammenarbeiten. Deswegen möchte ich mich an dieser Stelle herzlich bedanken. An erster Stelle danke ich meinem Freund Marc Dahlbeck, ohne ihn wäre das Buch nicht entstanden. Ein herzliches Dankeschön geht aber auch an alle Bildautoren, die bereitwillig ihre Archive geöffnet und manches Schätzchen hervorgezaubert haben. Mein Freund Stefan Runge hat die Übersichtskarten für dieses Buch gezeichnet, auch dafür herzlichen Dank. Und schließlich geht ein dickes Dankeschön an meine Familie, die mein zeitweiliges »Abtauchen« in die Welt der Güterzüge mit Gelassenheit ertragen hat.

Claus-Jürgen Jacobson, im Frühjahr 2007

Inhalt

Am Anfang war das Bier

Einleitung

Zwei Fässer Bier sollen auf dem Tender der Lokomotive »Der Adler« gelegen haben, als sie sich am 7. Dezember 1835 erstmals »auf die Reise« von Nürnberg ins wenige Kilometer entfernte Fürth machte und damit das Eisenbahnzeitalter in Deutschland eröffnete. Dem bayerischen Nationalgetränk kommt somit die Ehre zu, das erste von der Eisenbahn expedierte Frachtgut in Deutschland zu sein. Dass Gerstensaft ein wichtiges Ladegut der Eisenbahn ist, prägte sich dank der Modelleisenbahn Generationen von Hobbyeisenbahnern ein, gehörten doch die farbenfroh bedruckten »Bierwagen« jahrzehntelang zur Grundausstattung jeder Anfangspackung. Und weil die kleinen Modelle ja bekanntlich die penibel gestalteten Abbilder des großen Vorbildes sind, lag es auf der Hand, dass auf den Gleisen Deutschlands und der Welt vor allem Bierzüge unterwegs sein mussten.

In Wirklichkeit begann der Güterverkehr auf der Schiene zunächst einmal weitgehend unsichtbar, nämlich in den Gruben und Bergwerken in England. Die Erfindung der Dampflokomotive durch Pioniere wie Trevithick (1804) und vor allen anderen George Stephenson (1829) wurde letztlich durch die Transportprobleme der englischen Bergwerke forciert. Die Industrialisierung brachte Fabrik um Fabrik hervor und die wiederum brauchten Kohle, um die Dampfmaschinen am Laufen zu halten. Die bis dahin üblichen Transportmittel, nämlich Fuhrwerke und Schiffe, konnten den immer größer werdenden Bedarf nicht mehr decken. Die Bergwerksgesellschaften mussten sich etwas einfallen lassen, um nicht auf ihren Bodenschätzen sitzen zu bleiben. So entstand die Eisenbahn also in erster Linie, um Massengüter schnell, kostengünstig und in großen Mengen zu transportieren. Die Beförderung von Reisenden war streng genommen nur »Abfallprodukt«. Bis heute ist vor allem der Transport von Massengütern eine Domäne des Güterverkehrs auf der Schiene, wobei der Begriff »Massengut« spätestens dann völlig neue Dimensionen bekommt, wenn der Blick einmal über den mitteleuropäischen Tellerrand hinausgeht. Doch nicht nur australische Monsterzüge mit 30.000 Tonnen Zuggewicht gehören zu den Güterzügen. Auch die kleine Schmalspurbahn mit nur wenigen Wagen trägt ihren Teil dazu bei, dass Güter dorthin kommen, wo sie gebraucht werden.

»Güter gehören auf die Bahn« – so wie auf diesem Bild sieht es heute längst nicht mehr auf allen Gleisen der Deutschen Bahn aus, denn das Monopol auf den Gütertransport hat die Eisenbahn in Deutschland längst verloren. Gerade noch 5 Prozent aller deutschen Gütertransporte erfolgen mit der Bahn. *Aufnahme: Johannes Glöckner*

Eigentlich gibt es fast nichts, was nicht mit der Eisenbahn transportiert werden kann. Dennoch liegt der Anteil der Eisenbahn am gesamten Güterverkehrsaufkommen in Deutschland am Beginn des 21. Jahrhunderts bei gerade einmal 5 %, Tendenz weiter fallend. Andersherum gesagt: 95 % aller in Deutschland beförderten Güter werden von Lastkraftwagen, Schiffen oder Flugzeugen transportiert. Zwar wird die Politik nicht müde, das hohe Lied des Schienengüterverkehrs zu singen. Doch waren es gerade die Politiker, die in den vergangenen Jahrzehnten wesentlich dazu beigetragen haben, dass zumindest in Deutschland der Güterverkehr auf der Schiene in vielen Landstrichen praktisch nicht mehr stattfindet. Der massive Ausbau des Fernstraßennetzes – »kein Bundesbürger darf weiter als 40 Kilometer vom nächsten Autobahnanschluss entfernt wohnen« lautete einmal das Ziel bundesdeutscher Verkehrspolitik –, Protektion der Autoindustrie oder des Güterkraftverkehrs durch Gesetze oder Steuererleichterungen und vieles mehr waren rein politische Entscheidungen. Mit ihren heutigen Lippenbekenntnissen zu mehr Verkehr auf der Schiene gesteht die Politik also indirekt ein, in der Vergangenheit nicht alles richtig gemacht zu haben. Doch bei realistischer Betrachtung ist eine spürbare Steigerung des Güterverkehrs auf dem aktuellen Schienennetz wahrscheinlich gar nicht möglich. Denn die zu größtmöglicher Effizienz verdammte Deutsche Bahn AG, von der Politik privatisiert und zum baldmöglichsten Börsengang genötigt, unterliegt, wie jedes andere Unternehmen auch, wirtschaftlichen Zwängen. An vorderster Stelle steht daher die Rentabilität, oder anders ausgedrückt: Alles, was rote Zahlen schreiben könnte, schadet dem Unternehmen. Das können Gleise sein, die nur einmal im Jahr benutzt werden, Fahrzeuge, die als eiserne Reserve nur selten in Betrieb sind oder Strecken mit geringem Verkehrsaufkommen. Der Zwang zur Rentabilität hat in den vergangenen Jahren dazu geführt,

Womöglich das erste Transportgut einer deutschen Dampfeisenbahn: Bier. Gut 130 Jahre nach der Jungfernfahrt des »Adler« von Nürnberg nach Fürth entstand 1969 diese Aufnahme eines Bierwagens der Brauerei Fürstenberg. Wagen wie dieser durften lange Jahre in den Startpackungen der Modellbahnindustrie nicht fehlen. *Aufnahme: Jürgen Krantz*

Die Eisenbahn transportiert alles, was bewegt werden kann – wenn es sein muss, auch Kamele. Und den Vierbeinern scheint die Bahnfahrt zu gefallen (Gummersbach, 28. Juli 1951). *Aufnahme: Helmut Säuberlich*

dass das Streckennetz deutlich geschrumpft ist. Viel schlimmer im Hinblick auf den Güterverkehr ist jedoch, dass auch auf den noch betriebenen Strecken immer weniger Betriebsgleise liegen, auf denen Züge einander ausweichen oder der schnelle den langsamen Zug überholen kann. So ist es heute auf vielen Strecken kaum noch möglich, einen langsam fahrenden Güterzug »auf die Seite« zu nehmen, um einen schnellen Reisezug passieren zu lassen. Eine Steigerung des Schienengüterverkehrs ist unter solchen Umständen schon logistisch kaum vorstellbar.

Es wäre jedoch falsch, den Güterverkehr auf der Schiene zum Auslaufmodell zu erklären, denn die Verhältnisse vor der eigenen Haustür sind nicht das »Maß aller Dinge«. Die Entwicklungen in Österreich oder der Schweiz unterscheiden sich beispielsweise grundlegend von denen in Deutschland. In anderen Teilen der Welt rechtfertigen oft allein die Güterzüge eine Eisenbahnlinie oder gar ganze Netze. Selbst im autofreundlichen Deutschland konnte jahrzehntelang nicht auf die »Güterbahn« verzichtet werden. Vermutlich wird dies auch in Zukunft so bleiben, wenn es der Bahn gelingt, den Güterkunden für ihre Transportwünsche maßgeschneiderte Lösungen anzubieten. Ein Blick in die Vergangenheit zeigt, dass dies schon immer ein Wesenszug des Güterverkehrs war: Von »A« wie Altpapier bis »Z« wie Zugmaschine, transportiert wurde und wird alles, was bewegt werden muss.

Aufbruch in ein neues Zeitalter

Es ist nicht überliefert, welches Gasthaus die beiden legendären Bierfässer erhielt, die der »Adler« von Nürnberg nach Fürth brachte. Wenn es die Bahnhofsrestauration in Fürth gewesen sein sollte, wäre der Transport jedenfalls in hohem Maße effizient gewesen, während bei

Noch im August 1976 erfolgte der Güterumschlag auf der Nordseeinsel Spiekeroog so wie in den Pionierjahren der Eisenbahn: vom Zug aufs Pferdefuhrwerk. Allerdings liegt dies daran, dass auf Spiekeroog keine Autos fahren dürfen. Die Inselbahn ist mittlerweile Geschichte, die Pferdefuhrwerke fahren immer noch. *Aufnahme: Herbert Stemmler*

einer Abholung mit dem Pferdefuhrwerk der Spediteur die Ladung vielleicht besser direkt in der Brauerei abgeholt hätte, um sich damit das Umladen zu sparen.
Das Umladen der Güter von einem Transportmittel auf ein anderes ist einer der Dreh- und Angelpunkte des Güterverkehrs. Daher wurde in der Vergangenheit der Güterverkehr für die Eisenbahn immer wertvoller, je mehr Ortschaften die Bahn miteinander verband. Wirtschaft und Eisenbahn traten in eine außerordentlich fruchtbare Wechselbeziehung. Einerseits entstanden die neuen Bahnstrecken dort, wo bereits Bedarf bestand, andererseits siedelten sich neue Betriebe zunehmend dort an, wo bereits eine Eisenbahn fuhr, die günstige, schnelle und zuverlässige Versorgung mit Rohmaterial und den unkomplizierten Versand der fertigen Produkte versprach. An Knotenpunkten, an denen verschiedene Bahnlinien kreuzten oder sich verzweigten, entstanden rund um den Bahnhof und die Versorgungseinrichtungen für Lokomotiven Siedlungen. Daraus wurden mitunter binnen kurzer Zeit ganze Städte, die natürlich wieder Betriebe anzogen. Die Eisenbahn diente also nicht nur dem vorhandenen Transportbedürfnis, sondern schuf vielfach erst ein solches. Gegenüber den bis dahin vorhandenen Transportmöglichkeiten, vorzugsweise Karren mit Zugtieren oder Schiffe, bedeutete die Eisenbahn geradezu einen Quantensprung. Nicht nur die Tatsache, dass ein einziger Eisenbahnzug ein Vielfaches dessen transportieren konnte, was ein Fuhrwerk schaffte, zeichnete das neue Verkehrsmittel aus. Vielmehr schaffte die Eisenbahn die Distanz zwischen A und B in einem Bruchteil der Zeit. Und obwohl sich die ersten Eisenbahnen zunächst noch nicht über die

Berge trauten, sondern den Tälern folgten: Den parallel fahrenden Booten und Schiffen waren die Züge in Nutzlast und Tempo überlegen.
Allerdings war der Bau einer Eisenbahn kein billiges Unterfangen, sodass schon bald jeder Neubau kritisch daraufhin geprüft wurde, ob er »sich lohne«. Das war überall dort kein größeres Problem, wo beispielsweise Bodenschätze lagerten, die erst durch die Eisenbahn nutzbar wurden, weil sie zuvor nirgendwohin hätten befördert werden können. Ein Beispiel dafür ist die schwedische Erzbahn (siehe S. 46), ohne die der Abbau der riesigen nordschwedischen Erzvorkommen gar nicht erst zu Stande gekommen wäre. Auch dort, wo schon seit alters her stark genutzte Handelswege verliefen, lag die Notwendigkeit einer Bahnlinie auf der Hand. Kritisch wurde es überall dort, wo es keine Massengüter zu transportieren gab, in dünn besiedelten Gegenden oder in unwegsamem Gelände, in dem der Bahnbau schlagartig richtig teuer wurde. In solchen Fällen waren nicht nur Pioniergeist, sondern häufig auch unkonventionelle Lösungen gefragt, wollte man nicht weiterhin seine Ware zu Fuß oder mit der Karre transportieren. Und es zeigte sich, dass die Eisenbahn im Lauf der Jahrzehnte für nahezu alle Transportaufgaben Lösungen fand. Viele sind mittlerweile durch den Fortschritt überholt, einige aber haben bis heute Bestand, ein Beweis für die damalige Weitsicht.

Nicht überall führen die Gleise der Eisenbahn buchstäblich bis vor die Haustür. In Milagro (Ecuador) allerdings hält der Zug am 19. November 1992 direkt auf der Straße zur Stückgutverladung. *Aufnahme: Herbert Stemmler*

Auch auf dem Wasser fahren Züge, wenn auch nicht mit eigener Kraft. Mit Hilfe einer Fähre überqueren im Herbst 1969 Güterwagen den Hudson-River mit Ziel Manhattan. *Aufnahme: Jürgen Krantz*

Es gibt für alles eine Lösung

Das weltweite Eisenbahnnetz wuchs im 19. Jahrhundert mit unglaublicher Geschwindigkeit. Schon 1883 lagen über 440.000 Kilometer Bahnstrecke rund um den Globus. Doch längst nicht überall, wo es vielleicht nötig oder wünschenswert gewesen wäre, fuhr ein Zug. Abgelegene Gebirgstäler, landwirtschaftlich geprägte Landstriche oder topographisch schwierige Gebiete wurden von den Bahnbauern nicht selten ausgespart, obwohl auch dort Bedarf an besseren Transportmöglichkeiten bestand. Dort zeigten sich in der Folge oft der Einfallsreichtum und das Potenzial, das im System Eisenbahn steckt. War etwa der Bau einer regelspurigen Bahnlinie zu teuer oder zu aufwändig, baute man für deutlich weniger Geld eine Schmalspurbahn. War ein Gewässer im Weg, musste die Bahn es eben überqueren, notfalls per Schiff. Berge überwand man mit technischen Hilfsmitteln wie Seilbahnen, Schrägaufzügen, Zahnradantrieben, Tunneln oder aufwändigen Gebirgstrassen, je nach der Bedeutung der Verbindung. Der Phantasie waren kaum Grenzen gesetzt und es zeigte sich bald, dass das auf den ersten Blick recht starre System Eisenbahn sehr anpassungsfähig und flexibel sein konnte.

Egal welche Lösung schließlich gefunden wurde, stets profitierte vor allem der Güterverkehr. Denn nun konnten die Waren auch in entlegene Gegenden transportiert bzw. von dort abgeholt und in die Welt transportiert werden. Je kleinteiliger das Netz allerdings wurde, desto umständlicher wurde der Transport. Dies machte der Eisenbahn zunehmend zu schaffen. Solang sie noch ohne ernsthafte Konkurrenz war, spielten weder der logistische Aufwand noch die Reisezeit der Güter eine zentrale Rolle. Zudem war menschliche Arbeitskraft meist in großer Zahl und zu günstigen Löhnen vorhanden, sodass beispielsweise das Umladen von der Schmalspur- in die Normalspurbahn zwar lästig war, aber kein wirklicher Nachteil. Es gab ja nichts anderes und verglichen mit Schiff oder Fuhrwerk war die Eisenbahn viel schneller. Um 1900 zeichnete sich jedoch am Horizont eine zweite Revolution ab. Der Lastkraftwagen (Lkw) wurde erfunden. Zunächst bewirkten die motorisierten Fuhrwerke freilich keine entscheidende Veränderung, zumal ihr Wirkungskreis durch die

Ideen muss man haben – um das Entladen von Güterwagen zu rationalisieren, scheute die Eisenbahn auch vor ungewöhnlichen technischen Maßnahmen nicht zurück, wie diese Aufnahme einer Waggonkippanlage in einem Hüttenwerk im Ruhrgebiet beweist.

Aufnahme: Helmut Säuberlich

F

fehlende Kraftstoffversorgung und das unzureichende Straßennetz begrenzt war. Dennoch schätzten weitsichtige Eisenbahn-Ingenieure das Kraftfahrzeug zu Recht als ernstzunehmende Konkurrenz ein. Sowohl im Reisezug-, als auch im Güterverkehr musste rationalisiert werden, wollte man auf Dauer konkurrenzfähig bleiben. Beim Versand einzelner Wagenladungen, Stückgut oder dergleichen war der Schienengüterverkehr schon damals aufwändig, teuer, umständlich und langsam. Massenguttransporte erfolgten im Normalfall mit vorhersehbaren Mengen auf immer der gleichen Strecke, etwa vom Bergwerk zum nächsten Hafen, vom Binnenland an die See oder umgekehrt. Im Einzelladungsverkehr hingegen gingen die Güter kreuz und quer, weil jeder Versender an andere Empfänger verschickte. Züge mit derartigen Ladungen mussten deshalb ständig neu zusammengestellt und wieder auseinanderrangiert, am Ende womöglich auch wagenweise dem Empfänger zugestellt werden. Die Logistik war enorm und der personelle Aufwand beträchtlich.

Konkurrenz belebt das Geschäft

Spätestens in den 1930er-Jahren war der Siegeszug des Lkw nicht mehr aufzuhalten. Den immer leistungsfähigeren Kraftfahrzeugen standen immer mehr und immer besser ausgebaute Straßen zur Verfügung, sodass die Systemvorteile gegenüber der Eisenbahn immer stärker zur Geltung kamen. Der größte Vorteil des Lkw war und ist der direkte Transport von Haustür zu Haustür. Einmal verladen bleiben die Güter bis zum Empfänger auf demselben Fahrzeug. Das Umladen entfällt ebenso wie das Umrangieren von einem Zug zum anderen. Weil zeitaufwändige Unterwegsmanöver normalerweise nicht

Ein unschlagbares Doppel: Ganzzugverkehr ist noch immer eine Domäne der Eisenbahn – nur die Dampflokomotiven wurden längst durch moderne E- und Diesel-Maschinen ersetzt (Lathen, Emsland).

Aufnahme: Dietmar Beckmann

anfallen, ist der Lkw zumindest auf kurzen bis mittleren Entfernungen spürbar schneller als die Eisenbahn.
Für die zahlreichen Klein-, Neben- und Schmalspurbahnen brachen nun harte Zeiten an. Viele dieser einst heiß ersehnten Eisenbahnen gingen zu Grunde. Zwar halfen Rationalisierungsmaßnahmen wie etwa der Rollbock- oder Rollwagenbetrieb auf Schmalspurlinien, die Kosten zu senken und den Durchlauf zu beschleunigen. Doch es zeigte sich immer mehr, dass die »Feinverteilung« der Güter, also die Zustellung und die Abholung beim Kunden von der Konkurrenz auf der Straße oft erheblich schneller und günstiger erledigt werden konnte. Nur wer direkt an der Schiene lag und vielleicht sogar einen eigenen Gleisanschluss besaß, war mit der Bahn weiterhin gut bedient.
Ganz anders sah es dagegen bei den Massenguttransporten aus, dem angestammen Transportfeld der Eisenbahn. Kohle, Erz, Stahl und Baustoffe jeder Art, aber auch Mineralölprodukte für den Kraftverkehr und die Industrie mussten in riesigen Mengen transportiert werden. Und gerade bei derartigen Transporten ist die Bahn der Straße bis heute haushoch überlegen, denn die Kapazitäten eines Lkw sind begrenzt. Um annähernd die gleiche Menge wie ein einziger Zug per Lkw zu transportieren, sind bis zu mehrere Hundert Kraftfahrzeuge erforderlich. Die Zugkraft der Lokomotiven, die zulässige Achsfahrmasse und die maximale Zughakenbelastung der Kupplungen sowie die Länge der Ausweichgleise setzen der Transportkapazität auf den Gleisen zwar ebenfalls Grenzen, allerdings auf ganz anderem Niveau. Auf den Erzbahnen im Nordwesten Australiens fahren z. B. Tag für Tag Züge mit bis zu 30.000 Tonnen Zuglast. Und auch die endlos langen Güterzüge quer durch die USA verdeutlichen, dass der Güterverkehr auf der Schiene noch längst kein Auslaufmodell ist.

Konkurrenz belebt das Geschäft, in diesem Fall in wörtlichem Sinne. Denn die Erfindung des Kraftfahrzeugs machte der Eisenbahn das Leben bald schwer, was die Bahn jedoch nicht daran hinderte, ihre Widersacher sicher und zuverlässig zu befördern.
Aufnahme: Dietmar Beckmann

Miteinander statt gegeneinander – intelligente Lösungen sind gefragt, in denen alle Verkehrsträger ihre Aufgaben haben. In der Schweiz wird dies vielfach bereits praktiziert. *Aufnahme: Dietmar Beckmann*

Konzepte sind gefragt

Im ausgehenden 20. Jahrhundert schien zumindest in Mitteleuropa der Konkurrenzkampf zwischen Schiene und Straße entschieden. Zwar gab es Staaten, in denen selbst Ende der 1980er-Jahre noch mehr als drei Viertel des Güterverkehrs per Bahn abgewickelt wurde, etwa die DDR. Doch lagen die Ursachen dafür in politischen Entscheidungen. Im freien Spiel der Kräfte zog der Lkw an der Eisenbahn vorbei.Heute rücken jedoch neben reinen Rentabilitätsfragen zunehmend übergeordnete Aspekte ins Blickfeld, die dem Schienengüterverkehr womöglich neue Perspektiven eröffnen. Das gestiegene Umweltbewusstsein soll ebenso erwähnt werden wie Sicherheitsfragen. Insbesondere bei Gefahrguttransporten bietet die Eisenbahn erhebliche Vorteile, aber auch die Umweltbilanz fällt im Allgemeinen zu Gunsten der Schiene aus. Länder wie die Schweiz, die touristisch geprägt und deshalb auf ihre Natur angewiesen sind, haben dies schon länger erkannt. Sie reglementieren daher den Güterkraftverkehr auf den Transitwegen, und die Eisenbahn bietet mit Spezialzügen die Möglichkeit, den kompletten Lkw huckepack zu nehmen, um ihn sicher über die Alpen zu bringen.

Der fast ausschließlich von Privatbahnen erbrachte Güterverkehr in den USA ist nicht nur erfolgreich, sondern hochrentabel. In kilometerlangen Zügen werden Güter aller Art in Containern von Küste zu Küste befördert. Erst dort übernimmt der Lkw die Feinverteilung zu den Empfängern.

Auch in Deutschland hat mittlerweile an vielen Orten ein Umdenken begonnen. Mit der Privatisierung der einstigen Bundesbahn und der damit verbundenen Liberalisierung des Eisenbahnverkehrs sind in den vergangenen Jahren gerade im Güterverkehr zahlreiche neue Bahnunternehmen entstanden, die manchen Vorteil gegenüber der großen DB haben. Dank kleinerer Verwaltung und größerer Kundennähe sind sie oft schneller und flexibler, sodass sie auf Kundenwünsche besser reagieren können. Selbst die DB erkennt dies mittlerweile an und kooperiert vielerorts mit Vor-Ort-Unternehmen, anstatt den Betrieb selbst durchzuführen.

Für die lokale Güterabfertigung in »Kleinkleckersdorf« ist der letzte Güterzug, womöglich in Form eines »PmG« (Personenzug mit Güterbeförderung), wahrscheinlich längst abgefahren. Aber dass in naher Zukunft überhaupt keine Güterzüge mehr zu sehen sein werden, steht nicht zu befürchten, weder in Europa noch in der Welt. Im Gegenteil: Noch heute werden überall dort neue Eisenbahnen gebaut, wo große, regelmäßige Tonnagen zu erwarten sind. Auch solche Beispiele stellt dieses Buch vor. Und dass die nun bald zweihundertjährige Technik der Eisenbahn noch immer alltagstauglich ist, beweist die Jitong-Eisenbahn in China (siehe S. 32), die erst 1995 eröffnet und bis 2005 ausschließlich mit Dampfloks betrieben wurde.

So ist es ein weiter, vielfach gewundener Weg von den Kohlegruben Englands über die bayerischen Bierfässer bis zu den Containerganzzügen unserer Tage. Manches blieb auf der Strecke, vieles hat Zukunft und einiges wird Utopie bleiben. Aber bunt, abwechslungsreich und vielfältig war der Güterverkehr auf der Schiene schon immer und das wird er auch bleiben.

734
BNSF
Santa Fe
BNSF

Tausend Tonnen westwärts

Güterzüge in Nordamerika

Um kaum ein Bahnprojekt ranken sich so viele Legenden wie um den Bau der transkontinentalen Eisenbahn in den Vereinigten Staaten von Amerika. Gerade einmal 40 Jahre nach dem triumphalen Sieg von Stephensons Rocket beim legendären Lokomotivrennen von Rainhill vollendeten die Union Pacific (UP) und die Central Pacific Railroad (CPR) in Utah das bis dahin spektakulärste Eisenbahnbauvorhaben weltweit. Mit dem Einschlagen des »Goldenen Nagels« in Promontory Point im Mai 1869 durchquerte erstmals eine Eisenbahnlinie einen ganzen Kontinent von Küste zu Küste. Damit begann die Eroberung des amerikanischen Westens in großem Stil. So überrascht es nicht, dass die Ureinwohner das »Feuerross« als Bedrohung sahen. Bis zur Eröffnung der durchgehenden Bahnstrecke war der Gütertransport zwischen dem Osten und dem Westen des Landes ungeheuer umständlich. Die Güter mussten auf Fuhrwerken durch die Wildnis und uber die Rocky Mountains gebracht werden, oder man schickte sie auf die 30.000 km lange und Monate dauernde Schiffspassage entlang der südamerikanischen Küste rund um Kap Hoorn.

Mit der Eisenbahn reduzierte sich die Reise auf wenige Tage, trotzdem war sie nicht ungefährlich. Überfälle waren lange Zeit an der Tagesordnung. Dennoch folgten schon bald weitere Ost-West-Verbindungen, die bis heute zu den wichtigsten Bahnstrecken im nordamerikanischen Netz zählen. Tag für Tag rollen endlos lange Züge mit fünf und mehr Lokomotiven über die Berge und durch die Prärien. Sie demonstrieren eindrucksvoll, dass Güterverkehr auf der Schiene auch im 21. Jahrhundert rentabel sein kann.

Die Bahnstrecken über den Cajon-Pass im südlichen Kalifornien zählen zu den verkehrsreichsten Bahnlinien Nordamerikas. Ein Zug der Burlington Northern Santa Fe Railroad ist auf dem Weg Richtung Norden. *Aufnahme: Thomas Estler*

Wenige Jahre nachdem in Europa das Eisenbahnzeitalter begonnen hatte, verfügten auch die Vereinigten Staaten von Amerika über ein beachtliches Streckennetz. Allerdings endeten die Gleise an den Flüssen Missouri und Mississippi. Sie bildeten die Grenze zum »Wilden Westen«. Um 1860 erschlossen rund 45.000 Kilometer Gleise das von Weißen besiedelte Gebiet im Osten nahezu flächendeckend. Zentrum des Verkehrsnetzes war Chicago am Michigansee. Dank der Eisenbahn wuchs die Stadt binnen weniger Jahre von 30.000 auf mehr als 110.000 Einwohner.
Im Jahr 1848 hatte man in Kalifornien Gold gefunden. Fortan zogen Hunderttausende in den Westen, in der Hoffnung, schnell reich zu werden. In nur vier Jahren vervielfachte sich die Einwohnerzahl San Franciscos von 14.000 auf über 230.000.

Wettlauf der Giganten

Für die Eisenbahnverbindung wurden zwischen 1853 und 1855 mehrere Routen untersucht. Zur Auswahl stand schließlich eine nördliche Verbindung von St. Paul zum Columbia River, eine zentrale Linie von Omaha über Salt Lake City nach San Francisco sowie Verbindungen von Kansas durch Colorado in die Sierra Nevada, von Arkansas nach Los Angeles

Chicago war das Zentrum des nordamerikanischen Eisenbahnnetzes, bevor die erste Transkontinentalverbindung in Betrieb ging. Noch heute ist die Metropole am Michigansee ein Eisenbahnknotenpunkt. BNSF 8213+8294 überqueren mit einem Güterzug den Rangierbahnhof (9. Oktober 1997). *Aufnahme: Rainer Vormweg*

Die südlichste Linie in den Westen führt durch New Mexico nach El Paso und weiter über Tucson und Phoenix in Arizona nach Los Angeles. Am 29. Mai 1995 ist ein »Double Stack« mit einer B40-8W an der Spitze bei Sanders/Arizona auf dem Weg nach Kalifornien. *Aufnahme: Thomas Estler*

und eine Südroute durch Texas nach Los Angeles. Doch noch ehe es richtig losgehen konnte, brach 1861 der amerikanische Bürgerkrieg aus und verhinderte für mehrere Jahre alle Baumaßnahmen. Wenigstens erteilte Präsident Abraham Lincoln (1809–1865) am 1. Juli 1862 die Genehmigung zum Bau der Transkontinental-Bahn auf der Trasse von Omaha über Salt Lake City, sodass die Arbeiten nach dem Ende des Kriegs beginnen konnten.

Zwei Gesellschaften trieben die Schienenstränge durch das Niemandsland. Das Gleis der Central Pacific Railroad startete in Sacramento (Kalifornien), die Union Pacific Railroad begann in Omaha (Nebraska) mit ihren Arbeiten. Für die Finanzierung mussten die Bahngesellschaften selbst sorgen, allerdings gewährte der Staat Zuschüsse für jeden fertig gestellten Kilometer. Außerdem ging das Land entlang der Strecke in den Besitz der Gesellschaft über. Das Ergebnis dieser Regelung war ein regelrechtes Wettrennen der beiden Unternehmen. Die Central Pacific hatte dabei die bessere Startposition, sie konnte schon 1864 mit dem Bahnbau beginnen. Die Union Pacific verlegte erst 1865 die ersten Kilometer, kam aber in der Folge schneller voran, weil sie in der Prärie bauen konnte, während der Konkurrent die Rocky Mountains überwinden musste.

Auf dem Höhepunkt des Wettlaufs verlegte die Union Pacific 13 Kilometer Gleis an einem einzigen Tag. 1869 erreichten beide Gesellschaften Utah. Noch immer brachte jeder fertige Kilometer bares Geld und Landbesitz, deshalb bauten die beiden Bahngesellschaften nahezu parallele Strecken, um dem Konkurrenten ja keinen Kilometer zu schenken. Dabei brach die Central Pacific den Rekord der Union Pacific. Sie verlegte an einem Tag 16 Kilometer Gleis.

Am Ende siegte aber doch die Vernunft. Man einigte sich auf eine Verbindung der beiden Teile in Promontory Point am Großen Salzsee. Am 10. Mai 1869 schlugen die Bahnbauer den »Golden Spike«, den goldenen Schienennagel ein und vollendeten damit das Jahrhundertprojekt.

Das Netz wächst

Mit der neuen Bahn schrumpfte die Reisezeit von Küste zu Küste auf acht Tage. Die Verkehrsverbindung fand solchen Anklang, dass bald weitere Ost-West-Linien entstanden. 1881 stellten die Santa Fe und die Southern Pacific eine Verbindung zwischen Kansas und Los Angeles her. Ab 1883 erreichte die Santa Fe auf eigenen Gleisen Los Angeles. 1883 folgte die Northern Pacific und 1893 die Great Northern. 1896 eröffnete die Southern Pacific die Verbindung Los Angeles – New Orleans. 1899 wurde die Strecke Chicago – San Francisco von der Santa Fe fertig gestellt. Zu Beginn des 20. Jahrhunderts waren die gesamten Vereinigten Staaten von der Eisenbahn erschlossen.

Während all diese Verbindungen in Normalspur gebaut wurden, plante die 1870 gegründete Denver & Rio Grande Western Railway(D&RGW) eine schmalspurige Verbindung von Denver (Colorado) über den Raton Pass nach Mexiko. Neben der Kostenersparnis erhoffte man sich von der kleineren Spurweite weniger aufwändige und damit schnellere Bauarbeiten. Auch in diesem Fall konkurrierten zwei Bahnen miteinander. Der Wettbewerb mit der Atchison, Topeka &

Am 9. Oktober 1997 befährt ein Fotogüterzug bei Los Pinos (Colorado) den als Museumsbahn erhalten gebliebenen Rest der D&RGW.

Aufnahme: Rainer Vormweg

Santa Fe Railway gipfelte 1879 in einer Schießerei zwischen den von beiden Bahnen angeheuerten Revolverhelden in Pueblo (Colorado). Unter der Führung von Bat Masterson ging die Bande der Santa Fe als Sieger aus dem Kampf hervor. Dennoch gelang es der D&RGW, ein umfangreiches Netz aufzubauen. Die Schmalspur erwies sich allerdings schon bald als Hindernis, sodass große Teile auf Regelspur umgebaut wurden. Die verbliebenen Schmalspurstrecken verschwanden in den 1960er- und 1970er-Jahren mit Ausnahme der Streckenabschnitte zwischen Durango und Silverton sowie zwischen Chama und Antonito.

Innovative Technik

In den Pionierjahren der amerikanischen Eisenbahn galt vielfach die Devise »Schnelligkeit vor Qualität«. Aus Kosten- und Konkurrenzgründen verzichteten die Bahngesellschaften oft auf hochwertige Materialien wie auf die nötige Sorgfalt bei Bau und Betrieb. So wurden beispielsweise in den ersten Jahren Flacheisen anstelle regulärer Schienen auf die Holzschwellen genagelt. Immer wieder kam es vor, dass sich die Eisen durch die Züge von den Schwellen lösten und den Boden der Fahrzeuge durchschlugen. Nach zahlreichen Unfällen übernahm man um 1840 den in Europa üblichen Oberbau.

Auch an der Fahrzeugtechnik wurde häufig gespart. Vor allem in den Gebirgsabschnitten der Rocky Mountains erwiesen sich die oft unzulänglichen Bremsen als fatal. Immer wieder gerieten Züge außer Kontrolle und verunglükkten, wenn sie nicht mit Hilfe eigens angelegter Bremsstrecken aufgehalten werden konnten. Um die Sicherheit der Eisenbahn zu steigern, wurden 1893 eine Reihe von Mindeststandards durch den so genannten »Safety Appliance Act« verbindlich vorgeschrieben. Die wichtigste Vorschrift war die Einführung der von George Westinghouse 1872 zum Patent angemeldeten Druckluftbremse. Die von Eli Janney 1873 konstruierte selbsttätige Kupplung wurde ebenfalls zur Pflicht. Tatsächlich gelang es, die Zahl der

SB-Tank: Ohne Sprit geht nichts, und bis vier oder mehr Maschinen vollgetankt sind, braucht es seine Zeit.

Aufnahme: Armin Schmutz

Unfälle spürbar zu reduzieren. Die Janney-Kupplung hat überdies den Vorteil, dass sie für höhere Zugbelastung ausgelegt ist als die herkömmliche Schraubenkupplung.

Giganten auf Schienen

Ihre absolute Blütezeit erlebten die Eisenbahnen in den Vereinigten Staaten in der ersten Hälfte des 20. Jahrhunderts. 1916 erreichte das Netz mit rund 410.000 Kilometern seine größte Ausdehnung. Eine ernsthafte Konkurrenz durch andere Verkehrsträger gab es noch nicht. Durch die Weltwirtschaftskrise 1929 war es mit der Blüte erst einmal vorbei. Die weltweite Rezession bedeutete für zahlreiche Bahngesellschaften den Ruin, zumal viele Bahnen als Spekulationsobjekte ohne ausreichende Kapitaldecke gegründet worden waren.

Die übrig gebliebenen Bahnen wurden jedoch für den wieder steigenden Bedarf modernisiert. Während im Reisezugverkehr die Ära der Stromlinie begann, zeichnete sich im Güterverkehr zunächst noch verhalten eine revolutionäre Veränderung ab. In den 1920er-Jahren tauchten im Verschubdienst die ersten Diesellokomotiven auf. Für den Fernverkehr bedeute-

ten die neuen Maschinen noch keine Gefahr, hier regierte die Dampflok. Die riesigen Entfernungen mit langen durchgehenden Zugläufen machten das Zusammenstellen endlos scheinender Züge rentabel. Unterwegs musste ja nicht rangiert werden und so wurden die Züge im Lauf der Zeit immer schwerer. Gleichzeitig verlangten die Mammutzüge entsprechende »Kraftpakete«, die sie befördern konnten. Die Entwicklung immer größerer und stärkerer Dampflokomotiven gipfelte schließlich Ende der 1930er-Jahre im zur Legende gewordenen Big Boy der Union Pacific. Hinter dem markanten Namen verbarg sich eine Maschine, die heute vielfach als die größte Dampflokomotive der Welt bezeichnet wird. Die Union Pacific hatte die Loks speziell für den Einsatz auf der 11,4-‰ Rampe am Sherman Hill auf der Strecke Cheyenne (Wyoming) – Ogden (Utah) konstruieren lassen, um den aufwändigen Betrieb mit so genannten »Helpern« (Schub- oder zusätzlich im Zugverband eingereihte Lokomotiven) aufgeben zu können. Die Gelenklokomotive mit der Achsfolge (2'D)D2' brachte ein Gesamtgewicht von knapp 550 Tonnen auf die Gleise und leistete 6.200 PS. Unter voller Belastung fraß die fast 14 m² große Heizfläche 25 Tonnen Kohle pro Stunde. Deshalb gönnte die Union Pacific dem Heizer der Lok eine mechanische Rostbeschickung (Stoker). Die riesigen Maschinen zogen 6.000 Tonnen schwere Züge mit maximal 48 km/h die Rampe am Sherman Hill hinauf. Bei Versuchsfahrten in der Ebene und mit Schubhilfe beim Anfahren hielt ein Big Boy sogar einen Zug mit 25.000 Tonnen Last in Bewegung.
Der erste Big Boy kam 1941 zum Einsatz – 20 Jahre später war der Einsatz bereits wieder Geschichte.

Zum Abkühlen der Bremsen nach der Talfahrt von den Wasatch-Bergen mussten alle Güterzüge bei Echo für zehn Minuten halten. Bei einem solchen Betriebshalt enstand 1942 diese wahrscheinlich bekannteste »Big-Boy«-Aufnahme der Maschine 4019.

Aufnahme: William Coons, Pressebild UP, Sammlung Koppisch, Archiv transpress

Der Oberbau der amerikanischen Eisenbahnen ist längst für hohe Achsfahrmassen ertüchtigt, anders wären Belastungen wie die »Double Stack«-Containerzüge gar nicht möglich. Dennoch wirken manche Gleise leicht deformiert und erinnern an die Anfänge des Bahnbaus in den USA. *Aufnahme: Stefan Runge*

Siegeszug der Diesellok

Der Big Boy und seine kleineren Geschwister scheiterten letztlich nicht nur am allgemeinen Niedergang der amerikanischen Eisenbahn nach dem Zweiten Weltkrieg. Vielmehr wurden die anfangs gar nicht so recht beachteten Diesellokomotiven zum Totengräber der »superpower«-Dampfloks. 1939 stellte die Lokomotivfabrik General Motors Electro-Motive Division (EMD) den Prototypen einer Diesellok für den Güterverkehr vor. Die so genannte »F-Serie« wurde mit ihrer charakteristischen stromlinienförmigen Gestaltung schon bald zum Markenzeichen der amerikanischen Eisenbahn schlechthin. Sie verdrängte die Dampflokomotiven innerhalb weniger Jahre. EMD baute zwischen 1939 und 1960 mehr als 7.500 Exemplare der unterschiedlichen Modelle. Weitere knapp 3.000 Maschinen wurden ohne Führerstand als Verstärkungsloks (B-Units) geliefert.

Ein markantes Gesicht: Die »F-Serie« von EMD prägte jahrzehntelang den Schienenverkehr Nordamerikas.
Aufnahme: Pressebild UP, Sammlung Koppisch, Archiv transpress

BNSF
Santa Fe
Santa Fe

Je nach Bauserie leisteten die Lokomotiven 1.000 bis 1.342 kW.
Die F-Serie führte zwar den Siegeszug der Diesellok auf Nordamerikas Gleisen an, aber es gelang ihr zunächst nicht, den Niedergang des Eisenbahnverkehrs in Nordamerika aufzuhalten. Nach dem Ende des Zweiten Weltkriegs erlebten mit der Wirtschaft auch die modernen Konkurrenten Pkw, Lkw und Flugzeug einen Aufschwung. Auf neu gebauten Highways rollten immer mehr leistungsfähige Trucks quer durch die Staaten und setzten vielen, vor allem kleineren Bahngesellschaften, erheblich zu. Den Personenverkehr verloren die Eisenbahnen bis zum Beginn der 1970er-Jahre fast vollständig an Flugzeuge, Überlandbusse und Pkws.

»Fusionitis«

Der wachsende Konkurrenzdruck zwang in den 1960er-Jahren zahlreiche Gesellschaften, mit anderen zu fusionieren. Doch der Zusammenschluss bot keine Erfolgsgarantie, im Gegenteil: 1968 schlossen sich die bedeutenden, aber zu diesem Zeitpunkt bereits angeschlagenen Ostküsten-Unternehmen New York Central und Pennsylvania Railroad zur Penn Central zusammen. Nur zwei Jahre später fuhr das Unternehmen rund 325 Mio. $ Verlust ein und musste Konkurs anmelden. Der größte Bankrott der amerikanischen Wirtschaftsgeschichte bedrohte die Existenz nahezu des gesamten Eisenbahnsystems an der Ostküste. Nur mit staatlicher Hilfe gelang die Rettung.
Dennoch folgten weitere Zusammenschlüsse. Mittlerweile liegt der größte Teil des Schienengüterverkehrs der USA in den Händen von fünf Bahngesellschaften, den so genannten »Class 1«-Bahnen. Größte unter ihnen ist die Union Pacific, gefolgt von der Burlington Northern Santa Fe. Das Streckennetz allein dieser beiden Bahnen

Endlose Züge, gezogen von modernen dieselelektrischen Lokomotiven in grandiosen Landschaften – das sind die Markenzeichen der nordamerikanischen Eisenbahnen.

Aufnahme: Rainer Vormweg

umfasst weit über 50.000 Kilometer und deckt praktisch den gesamten Westen der USA ab. Die in die Klassen 2 und 3 eingeordneten Bahnen haben diese Entwicklung in vergleichbarer Form ebenfalls erlebt. Die »short lines« betreiben mittlerweile ebenso erfolgreich Güterverkehr wie die großen Schwestern.

Güterzüge mit Gewinn

Die nordamerikanischen Eisenbahnen gelten heute vielfach als Musterbeispiel dafür, dass rentabler Güterverkehr auf der Schiene möglich ist. In der Tat wirtschaften viele der Bahnen oft hochprofitabel.
Schon ein kurzer Blick auf die US-Streckenkarte genügt, um zu erkennen, dass das Netz zwischen 1980 und 2002 auf die Hälfte geschrumpft ist. Gleichzeitig hat sich das Güterauf-

Fast wie im Film: Bei Gillette (Wyoming) passiert ein Güterzug eine einsame Erdölförderpumpe und erinnert ein wenig an die legendären Ewings aus Dallas, die in den 1980er-Jahren das Fernsehvolk kollektiv vor dem Schirm versammelten. Aufnahme: Armin Schmutz

Vor dem beeindruckenden Panorama des Mount Shasta in Kalifornien ist am 21. Juni 1999 ein Güterzug der Union Pacific unterwegs, es führt UP 9278. Aufnahme: Armin Schmutz

kommen vervierfacht. Personalabbau hat die Kosten ebenso gesenkt wie Investitionen in Netz und Fahrzeuge. So sind etwa die »Class 1«-Bahnen schon seit langem für mindestens 30 Tonnen Achsfahrmasse ertüchtigt. Charakteristisch für den Güterverkehr von Küste zu Küste sind etwa die »Double Stacks«, Containerganzzüge, auf denen die Container »im Doppelpack« transportiert werden. Die Diesellokomotiven der F-Klasse sind längst durch moderne, effizientere Maschinen abgelöst worden, sodass die gleiche Anzahl an Loks deutlich längere Züge ziehen kann.

Durch die zahlreichen Fusionen sind heute viele der einst konkurrierenden Strecken unter einem Dach friedlich vereint. Vor allem dort, wo früher die Gleise zweier Gesellschaften parallel verliefen und man sich einen immerwährenden Kampf um die Marktanteile lieferte, können die Trassen heute effizient genutzt werden, indem auf jedem Gleis nur in eine Richtung gefahren wird. Und schließlich profitiert die nordamerikanische Eisenbahn wie alle anderen Unternehmen vom wirtschaftlichen Aufschwung der USA in den letzten Jahren.

Übersicht Eisenbahn USA 1930-2002

	1930	1980	2002
Streckenlänge (km)	692.000	466.000	228.000
Wagenladungen	45.878.000	21.613.000	28.572.000
Güter in Mio. t-km	238.000	571.000	2.152.000
Beschäftigte	1.661.000	459.000	251.000

Sechs Lokomotiven, vier Farbkonzepte, aber nur eine Bahngesellschaft – wer sich je über die uneinheitliche Farbgebung bei Deutscher Bundesbahn oder Deutscher Bahn AG beklagt hat, sei mit dieser Aufnahme vom Cajon-Pass getröstet. Die BNSF präsentiert sich noch bunter, als es die DB je tat. *Aufnahme: Thomas Estler*

70 09

»Fortschritt« im Doppelpack

Dampf am Jingpeng-Pass

Die Innere Mongolei galt selbst in China bis vor wenigen Jahren als tiefste Provinz – doch das hat sich gründlich geändert. Seit Mitte der 1990er-Jahre wurde die autonome Provinz zwischen der Volksrepublik China und Russland für Eisenbahnfans in aller Welt fast zu einem Wallfahrtsort. Der Grund für das Interesse ist die am 1. Dezember 1995 auf voller Länge eröffnete Eisenbahnstrecke von Jining Nan nach Tongliao. Die Jitong-Linie, so benannt nach ihren beiden Endpunkten, ist 945 Kilometer lang und dient vor allem dazu, die Wirtschaft des entlegenen Landstrichs anzukurbeln. Deshalb verkehren auf der eingleisigen Strecke hauptsächlich Güterzüge, die in West-Ost-Richtung überwiegend Kohle und Stahl, in der Gegenrichtung Holz befördern.

Doch nicht die Eisenbahn an sich zog die Eisenbahnfreunde so magisch an – es war ihr Betrieb: Auf der Jitong-Linie wurden vor allen Zügen ausschließlich schwere Dampflokomotiven eingesetzt. Sie dürfte damit vermutlich die letzte Neubaustrecke der Welt gewesen sein, auf der die schwarzen Riesen den Gesamtbetrieb bewältigten. Seit Ende 2005 ist der Dampfbetrieb auf der steigungsreichen Strecke allerdings Geschichte. Trotz der zukunftsweisenden Baureihenbezeichnung QJ, d.h. Fortschritt, mussten die fünffach gekuppelten Schlepptendermaschinen der Dieseltraktion weichen, denn China unternimmt enorme Anstrengungen, das Image einer rückständigen Nation abzustreifen und eine mittlerweile über 170-jährige Technik passt zweifellos nicht zu einer modernen Industrienation des 21. Jahrhunderts. Immerhin: Mehr als zehn Jahre konnten die robusten Maschinen, deren letzte Exemplare erst 1988 die Werkhallen der Lokomotivfabrik Datong verließen, am Jingpeng-Pass zeigen, welche Leistung aus Feuer, Wasser und Kohle herauszuholen ist – und das meist im Doppelpack, denn für die Züge mit bis zu 50 Wagen waren auf den langen Rampen oft zwei Maschinen erforderlich – und auch die heutigen Dieselloks schaffen es häufig nicht allein.

Gemeinsam mit einer Schwestermaschine verlässt QJ 7009 im November 2004 den Tunnel bei ErDi auf der Fahrt zum Scheitelbahnhof Shangdian. *Aufnahme: Roland Meier*

Die Innere Mongolei ist ein autonomes Gebiet in der Volksrepublik China. Mit rund 1,2 Mio. km^2 Fläche ist die Provinz fast viermal so groß wie die Bundesrepublik. Mit nur rund 20 Einwohnern je km^2 ist sie jedoch extrem dünn besiedelt. Zum Vergleich: In Deutschland leben 231 Einwohner je km^2. Bis heute gibt es in der Mongolei keinen internationalen Flughafen und auch die großen Handelsrouten umgehen das Gebiet.
Um die bis dahin überwiegend ländlich strukturierte Wirtschaft anzukurbeln und die Verkehrsverbindungen nachhaltig zu verbessern, wurde Anfang der 1990er-Jahre mit dem Neubau einer normalspurigen Eisenbahnlinie begonnen. Sie sollte die Innere Mongolei auf einer Länge von knapp 1.000 Kilometern in west-östlicher Richtung mit dem Netz der Chinesischen Eisenbahn verbinden. Im Westen wurde die Strecke im Bahnhof von Jining Nan an der Linie (Beijing –) Datong – Erenhot (und weiter nach Ulan Ude) an die Staatsbahn angeschlossen. Im Osten erfolgte dieser Anschluss in Tongliao. Wie in China üblich, leitet sich der Name der Bahnlinie aus den beiden Endpunkten ab.

Die Jitong-Linie

Die neue Strecke entstand als Gemeinschaftsprojekt des Chinesischen Eisenbahnministeriums und der Autonomen Regierung der Inneren Mongolei zwischen 1990 und 1995. Mit

Aus bis zu 55 Waggons bestehen die Güterzüge auf der Jitong-Linie – mehr lassen die Längen der Ausweichgleise auf den Zwischenstationen nicht zu. Am 17. November 2004 leistet QJ 6891 einer Schwestermaschine Vorspann vor einem gemischten Güterzug. In der kargen Landschaft bei Chaganhada dampft der Zug am Fotografen vorbei. *Aufnahme: Roland Meier*

einer Gesamtlänge von 945 Kilometern ist sie die längste Eisenbahnlinie, die in China in Form eines »joint-venture« gebaut wurde. Auf ihrem Weg von West nach Ost durchquert sie die Kernlande der Inneren Mongolei und verbindet die drei nördlichen Regionen Chinas (Nordwestchina, Nordchina und Nordostchina) miteinander. Die Strecke ist als eingleisige Hauptbahn angelegt, die zentrale Verkehrsbedeutung liegt im Güterverkehr.

Ursprünglich sollten die Züge vor allem Kohle von West nach Ost und Holz von Ost nach West befördern. Tatsächlich transportieren die zahlreichen Güterzüge allerdings alle Arten von Gütern in beiden Richtungen. Die Innere Mongolei ist überaus reich an Bodenschätzen und die Jitong-Linie stellt eine wesentliche Voraussetzung für deren Ausbeutung dar. Entlang der Linie ruhen beispielsweise geschätzte 47 Billionen Tonnen Kohle, 150 Mio. Tonnen Erz, 2,3 Mio. Tonnen Blei und Zink sowie Erdölreserven. Zudem ist die Eisenbahn im Verteidigungsfall von strategischer Bedeutung.

Die Strecke

Von West nach Ost fällt die Strecke von 1.431 m ü. NN in Jining Nan auf nur noch 183 m ü. NN in Tongliao. Ihren höchsten Punkt erreicht die Bahn bereits nach 95 Kilometern im Bahnhof DeYi mit 1.513 m ü. NN. Mit mäßigem Gefälle führt die Strecke bis zum Bahnhof Jingpeng (km 468). Hier beginnt der spektakulärste Abschnitt der gesamten Strecke, die Überquerung des Da-Xinggan-Gebirges, nach der nahe gelegenen Stadt »Jingpeng-Pass« genannt. In zahlreichen Kehren windet sich das Gleis bis zum Scheitelpunkt bei Shangdian (km 493) in 1.273 m Höhe hinauf. Der Jingpeng-Pass liegt fast genau in der Mitte der Strecke, danach geht es nur noch abwärts, zunächst durch die Provinz Linxi bis Chabuga (km 755, 413 m ü. NN) und anschließend durch die Ebene von Liaohe bis zum Endpunkt Tongliao (km 945, 183 m ü. NN). Das Überqueren des Passes stellte die Bahnbauer vor erhebliche Herausforderungen, die topographisch gar nicht zwingend nötig waren. Viel einfacher wäre der Bau einer Bahnlinie entlang des Xi La Muluen He-Flusses gewesen, eine Überquerung des Gebirges hätte so vermieden werden können. Dann hätte die Strecke aber die Städte Tianshan, Daban, Lindong und Linxi umgangen, also entschieden sich die Ingenieure für die aufwändigere Route über den Pass. Obwohl die Bahn von Anfang an für reinen Dampflokbetrieb vorgesehen war, ist die Jitong-Linie keineswegs eine Nostalgiebahn, sondern weist alle Merkmale moderner Neubaustrecken auf. Die Gleise liegen auf Betonschwellen, nur auf den Brücken und in den Weichenstraßen wurden Holzschwellen verwendet. Als eingleisige Hauptbahn »erster Klasse« – so die Einstufung der Strecke nach den chinesischen Eisenbahnstandards – liegt die

Die Jitong-Linie in Zahlen

Strecke	*Jining Nan – Tongliao*
Eröffnung	*1. Dezember 1995*
Streckenlänge	*944,7 km*
Max. Steigung	*12 ‰*
Kunstbauten:	
Tunnel	*7 (Gesamtlänge 2.566 m)*
Viadukte	*30 (Gesamtlänge 6.480 m)*
Brücken	*91 (Gesamtlänge 4.209 m)*
Bahnübergänge	*252*
Höchster Punkt	*1.513 m ü. NN (DeYi, km 95)*

maximale Steigung bei 12 ‰. Dieser Höchstwert wird nur zwischen Menggentala und Linxi, also im Bereich rund um den Jingpeng-Pass erreicht. Ansonsten beträgt die Steigung maximal 6 ‰. Zum Vergleich: Die berühmte »Geislinger Steige« zwischen Stuttgart und Ulm hat eine Steigung von 22,5 ‰. Der kleinste Kurvenradius ist mit 800 m festgelegt, wird aber insbesondere auf der Passstrecke zum Teil erheblich unterschritten. Am Jingpeng-Pass liegt er teilweise unter 350 Metern. Auch hier ein Vergleich: In Deutschland schreibt die »Eisenbahnbau- und Betriebsordnung (EBO) vor, dass auf Hauptbahnen ein Bogenhalbmesser von 300 m nicht unterschritten werden darf, auf Nebenbahnen 180 m. Die ICE-tauglichen Schnellfahrstrecken haben hingegen Bögen mit Halbmessern von 7.000 m.
Bis Dezember 2005 wurden die ursprünglich 700 m langen Ausweichgleise in den Unterwegsstationen der Jitong-Linie auf eine nutzbare Länge von 850 m gebracht – ein Tribut an das steigende Verkehrsaufkommen mit längeren Zügen. Bis auf wenige Ausnahmen ist die gesamte Strecke mit Lichtsignalen gesichert – von der »klassischen« Dampfbahn-Romantik aus Großvaters Zeiten war auf der Jitong-Linie also von Anfang an wenig zu finden. Mittlerweile ist sie ganz verschwunden, denn die Dampflok hat auch in der Inneren Mongolei seit Anfang Dezember 2005 ausgedient.

Der Betrieb

Dass eine normalspurige Neubaustrecke im ausgehenden 20. Jahrhundert bei ihrer Eröffnung ausschließlich mit schweren Dampflokomotiven betrieben wird, dürfte der Jitong-Linie einen dauerhaften Ehrenplatz in der Eisenbahngeschichte sichern. Nirgendwo sonst auf der Welt gab es zu diesem Zeitpunkt noch regelmäßige

Wahrscheinlich eine der meistfotografierten Eisenbahnbrücken der Welt: der Si Ming Yi-Viadukt bei Reshui. Im Februar 2004 ziehen zwei Maschinen der Reihe QJ mit voller Kraftanstrengung ihren Güterzug ostwärts.

Aufnahme: Dirk Höllerhage

Güterverkehr »en gros« und »en detail« im Jahr 2004: Während sich zwei Maschinen der Reihe QJ mächtig anstrengen müssen, um ihre 2.300 Tonnen auf die Passhöhe bei Shangdian zu bringen, dürfte das motorisierte Dreirad mit seiner großvolumigen, aber nicht ganz so schweren Ladung weniger Mühe haben. *Aufnahme: Dirk Höllerhage*

Dampflokeinsätze in solchem Umfang. Die jüngsten der zwischen Jining Nan und Tongliao eingesetzten Maschinen waren 1995, als die Strecke in Betrieb ging, gerade einmal 7 Jahre alt. Was auf den ersten Blick wie ein Anachronismus aussieht, beruht allerdings bei näherem Hinsehen auf durchaus nachvollziehbaren Motiven. So waren die in der Lokomotivfabrik Datong gebauten Maschinen zum großen Teil noch so gut wie neu. Betriebsstoffe, insbesondere Kohle, sind bis heute in Fülle vorhanden und entsprechend günstig. Überdies gab der personalintensive Betrieb und Unterhalt der Stahlkolosse zahllosen Arbeitern ein sicheres Auskommen, wenn auch auf bescheidenem Niveau – zumindest im Vergleich mit der westlichen Welt.

Schließlich konnte die Jitong-Bahn durch die Übernahme gebrauchter Dampflokomotiven von der Staatsbahn eine Menge Geld sparen. Weil die Chinesische Staatsbahn bestrebt war, ihre Dampflokomotiven durch die moderne Traktion abzulösen, gab sie Dampflokomotiven vergleichsweise günstig ab, auch wenn die Maschinen teilweise jünger als die Diesel-loks waren. So begann die Jitong-Linie am 1. Dezember 1995 ihren Betrieb als vermutlich letzte normalspurige Eisenbahn der Welt mit einem Bestand von über einhundert Dampflokomotiven.

Von Anfang an waren die Maschinen kräftig gefordert. Für Güterzüge galt zunächst ein maximales Zuggewicht von 2.300 Tonnen auf der

gesamten Strecke. Auf einzelnen Abschnitten und unter bestimmten Witterungsbedingungen wurde dieses Zuggewicht im Lauf der Zeit erhöht. Bei Zügen in Richtung Osten waren unter guten Bedingungen im Abschnitt Daban – Zhelimu beispielsweise bis zu 3.000 Tonnen erlaubt. In der Gegenrichtung durften dagegen nur 2.500 t bergwärts geschleppt werden. Unabhängig vom Gewicht der Züge begrenzen die Ausweichgleise deren Länge. Deshalb bestehen die Güterzüge aus maximal 55 meist vierachsigen Wagen. Für den Streckenabschnitt über den Jingpeng-Pass blieb es zu Dampfzeiten allerdings bei den 2.300 Tonnen. Für Züge Richtung Osten war im Abschnitt Jingpeng – Shangdian, für westwärts fahrende Züge im Abschnitt Daban – Haoluku jeweils eine zweite Lokomotive vorgeschrieben. Weil die meisten Güterzüge die zulässigen Höchstlasten erreichten, war die Bespannung mit Zug- und Vorspannmaschine am Jingpeng-Pass die Regel.
Mit der schrittweisen Verdieselung der Strecke stiegen die zulässigen Gewichte, weil die modernen Maschinen leistungsfähiger als die Dampfloks sind. So befördern z. B. im Abschnitt Daban – Haoluku zwei Dieselmaschinen bis zu 3.500 Tonnen über den Berg. Angesichts steigender Transportraten ein wichtiger Faktor, kann

Bei Kilometer 693 (von Jining Nan aus gerechnet) liegt der Bahnhof Lindong. Bis Dezember 2004 hielten in Lindong alle Züge in beide Richtungen, um die Wasservorräte zu ergänzen. Am 18. November 2004 rollt ein Güterzug mit QJ 6917 und QJ 7037 in den Bahnhof, um sich der obligaten Prozedur zu unterziehen, während der links sichtbare Zug bereits abfahrbereit ist.
Aufnahme: Roland Meier

Faszination Bahnbetriebswerk: Eine der letzten »echten« Einsatzstellen für Hauptbahndampfloks auf der Welt dürfte das Depot Daban gewesen sein. Von dort gingen die Maschinen der Reihe QJ bis Ende 2005 auf die Reise über den Jingpeng-Pass. *Aufnahme: Roland Meier*

doch die Anzahl der Züge auf der eingleisigen Strecke nicht beliebig gesteigert werden.
Bei der Eröffnung war die Strecke für jährlich rund 7 Mio. Tonnen Fracht ausgelegt. Allerdings wurde schon damals ein Anwachsen des Frachtaufkommens auf bis zu 17 Mio. Tonnen prognostiziert. 1996, im ersten vollen Betriebsjahr, beförderten die Züge rund 5 Mio. Tonnen Güter. Schon ein Jahr später waren die ursprünglich veranschlagten 7 Mio. Tonnen erreicht und im Jahr 2003 überstieg das Frachtaufkommen erstmals die 10-Mio.-Tonnen-Grenze. In den wenigen Reisezügen, die auf der Strecke unterwegs sind, reisen jährlich nur rund 500.000 Fahrgäste. Diese Zahl verdeutlicht, dass die Jitong-Linie in erster Linie dem Güterverkehr dient.
Die gesamte Infrastruktur der Strecke war zum Eröffnungszeitpunkt so ausgelegt, dass das geplante Betriebsprogramm erfüllt werden konnte. 17 Zugpaare täglich ließ die eingleisige Strecke zu, im Jahre 1998, gut zwei Jahre nach der Betriebseröffnung, konnten die Züge an mehr als 55 Bahnhöfen kreuzen. In regelmäßigen Abständen waren Versorgungseinrichtungen für die Dampflokomotiven vorhanden, insbesondere Wasserkräne. Im Endausbau sollen insgesamt 101 Bahnhöfe die Streckenkapazität auf täglich 34 Zugpaare erhöhen. Solange sie ausschließlich mit Dampf unterwegs waren, betrug die Durchschnittsgeschwindigkeit der Güterzüge 28 km/h. Ein durchgehender Güterzug benötigte also rund anderthalb Tage für die Gesamtstrecke. Erst mit der Verdieselung gelang es, die Fahrzeit spürbar zu verkürzen.
Beheimatet waren die Lokomotiven der Jitong-Linie in den Betriebswerken Baiqi (km 217) und Daban (km 601). Bis 2001 waren in den beiden Werken stets rund 90 Dampflokomotiven der Baureihe QJ betriebsbereit, weitere Maschinen befanden sich in den Werkstätten. Im August 2000 tauchten im Depot Baiqi die ersten beiden Diesellokomotiven der Reihe DF 4D auf, weitere vier Maschinen folgten Anfang 2001. Am Bestand der Dampfloks änderte dies einstweilen noch nichts. Erst die Übernahme der Zugförderung im Abschnitt Tongliao – Chabuga durch Staatsbahn-Dieselloks der Reihen DF 4B und DF 4C im Frühjahr 2004 führte zu einem ersten Einbruch, noch verstärkt durch die Lieferung von 14 gebrauchten DF 4B an das Depot Daban für den Einsatz auf der Passstrecke im Herbst desselben Jahres. Schon im Dezember 2004 waren von Baiqi aus nur noch zehn Dampfloks täglich im Einsatz. Daban benötigte zum selben Zeitpunkt immerhin noch rund 35 Maschinen täglich für den Einsatz über den Pass und nach Chabuga. Nachdem weitere zehn Dieselloks auf die Strecke gekommen waren, beendete das Depot Baiqi den Dampfeinsatz im April 2005. Von Daban aus liefen die letzten Maschinen nur noch über die Passstrecke bis Haoluku. Die übrige Strecke war komplett auf Dieselbetrieb umgestellt. Am 10. Dezember 2005 brachten zwei Maschinen der Reihe QJ noch einmal einen Güterzug über den Pass bis nach Jingpeng. Die Maschinen kehrten leer zurück – und beendeten so recht unspektakulär eine kurze, aber umso eindrucksvollere Eisenbahnepoche tief im fernen Osten.

Die Lokomotiven

Obwohl die mächtigen Schlepptender-Dampflokomotiven der Reihe QJ mittlerweile als das Sinnbild der chinesischen Dampflok schlechthin gelten, haben die Maschinen doch internationale Ursprünge. Letztlich geht die Bauart auf eine amerikanische Konstruktion aus dem Jahr 1931 zurück, als die Lokomotivfabriken Alco und Baldwin je eine fünffach gekuppelte Bauart an die Sowjetunion lieferten. Die Sowjetunion entwickelte aus diesen Maschinen eigene Modelle, die als Reihe FD20 (1931) bzw. FD21 (1940) auf die russischen Gleise kamen. Unter der Bezeichnung LV entstand schließlich in der Lokomotivfabrik Lugansk zwischen 1954 und 1956 eine erneut weiterentwickelte Variante in insgesamt 522 Exemplaren – das direkte Vorbild der QJ. In den 1950er-Jahren erhielt China die Zeichnungen der LV und erwarb rund 1.000 Exemplare der Reihe FD21, die in der Sowjetunion überflüssig geworden waren.

Ab 1956 begann China mit der Konstruktion einer eigenen fünffach gekuppelten Güterzugdampflok auf Basis der sowjetischen Konstruktionen, die ihrerseits wiederum zahlreiche amerikanische Merkmale trug. Ab 1959 entstand die nun als QJ bezeichnete Baureihe in der Lokomotivfabrik Datong. Viele Merkmale der neuen Baureihe ließen ihren Ursprung erkennen, eine völlige Neukonstruktion war allerdings der Kessel. Die Bezeichnung QJ ist die Abkürzung des chinesischen Wortes Qianjin, zu deutsch »Fortschritt« – zum Zeitpunkt der Entwicklung sicher ein passendes Attribut für eine Dampflokomotive.

Die Maschinen waren für den schweren Güterzugdienst mit einer Höchstgeschwindigkeit von 80 km/h vorgesehen, liefen aber auch vielfach vor Reisezügen. Mit ihren 1.500 mm großen Kuppelrädern wäre die QJ grundsätzlich auch in der Lage gewesen, höhere Geschwindigkeiten zu fahren, allerdings ließ der Massenausgleich dies nicht zu. Über einen Zeitraum von fast

Logenplatz: Die Güterzüge auf der Jitong-Linie führen derartige Begleitwagen planmäßig mit. Die Aufnahme entstand am 17. November 2004, als die Eisenbahn bei der Einfahrt in Lindong die »Gummikonkurrenz« überquerte. Aufnahme: Roland Meier

Mit Diesel über den Pass: Mit den Dieselloks aus der DF 4-Familie wurde das Ende der Dampflokherrlichkeit am Jingpeng-Pass eingeläutet. Am 22. November 2004 ziehen DF 4D 0392 und eine Schwestermaschine gemeinsam einen gemischten Güterzug bei Liudigou am Jingpeng-Pass bergwärts. *Aufnahme: Roland Meier*

30 Jahren entstanden in Datong beinahe 4.700 Exemplare. Die QJ war schließlich auf dem gesamten Streckennetz Chinas unterwegs. Auch wenn die Grundkonstruktion robust war, hatte die QJ einige Mängel. Insbesondere der schlechte Massenausgleich und die knapp dimensionierten Achsen und Federn führten immer wieder zu Schäden und losen Bauteilen.
Ursprünglich war die Baureihe QJ mit einer mechanischen Feuerrostbeschickung, dem so genannten »Stoker« ausgerüstet. Dieser sollte dem Heizer die Arbeit erleichtern, indem die Kohle maschinell vom Tender in die Feuerbüchse befördert wurde, der Heizer regulierte lediglich die Zufuhr. Die Maschinen der Jitong-Linie wurden allerdings manuell gefeuert und demonstrierten dadurch überdeutlich die Schattenseiten der Dampflok-Romantik. Die überschweren Züge machten die Loks auf den langen Rampen zu wahren Kohlefressern, sodass zur Feuerung stets zwei Mann gebraucht wurden. Sie mussten nicht nur ununterbrochen feuern, sondern auch während der Fahrt auf den Tender klettern und die oft festgefrorene Kohle nach vorne ziehen.
Obwohl die letzten QJ erst 1988 die Hallen von Datong verließen, sind sie bis auf wenige Exemplare in China mittlerweile verschwunden. Diesellokomotiven, die zuweilen sogar deutlich älter sind, haben ihre Nachfolge angetreten. Zwei Exemplare der QJ hat es nach dem Ende des Plandienstes in die USA verschlagen, wo sie betriebsfähig erhalten sind. Und im Technikmuseum in Speyer verdeutlicht eine QJ als Museumsexponat dem Besucher die eindrucksvollen Dimensionen des chinesischen Kraftpakets.
Nicht nur am Jingpeng-Pass, sondern in ganz China wurden viele QJ durch Diesellokomotiven

der Reihe DF 4 abgelöst. Hinter der Bezeichnung DF 4 verbirgt sich eine ganze Lokomotivfamilie, deren einzelne Mitglieder sich nicht nur äußerlich, sondern vor allem im Antriebsaggregat unterscheiden und durch nachgestellte Großbuchstaben gekennzeichnet sind.

Die Baureihe QJ	**Technische Daten**
Achsfolge	1'E1'
Spurweite (mm)	1.435
Höchstgeschwindigkeit (km/h)	80
Leistung (PSi)	2.980
Gewicht Lok und Tender (t)	221,4/252,8 [1]
Länge ü. Kupplung (mm)	26.023/29.181 [1]
Kesseldruck (bar)	15
Verdampfungsheizfläche (m^2)	269
Zylinderdurchmesser (mm)	650
Treib-/Kuppelraddurchmesser (mm)	1.500
Brennstoffvorrat (t)	14,5/21,5 [1]
Wasservorrat (m^3)	39,5/50 [1]
Baujahr	1959-1988
gebaute Stückzahl	4.689

[1] *bei 4-achsigem / 6-achsigem Tender*

Der Ausgangspunkt der Familie ist die Gattung DF 4, erstmals 1969 in Dalian gebaut. Der Antrieb der sechsachsigen Maschine (Achsfolge Co'Co') erfolgt dieselelektrisch, das heißt, ein Dieselmotor treibt einen Generator an, der Energie für die elektrischen Fahrmotoren liefert. Die Maschinen leisten 2.430 kW und sind je nach Ausführung 120 km/h (Personenzüge) bzw. 100 km/h (Güterzüge) schnell. Die Varianten DF 4A bzw. DF 4B haben modifizierte Maschinenanlagen.

Eine Weiterentwicklung der DF 4B ist die DF 4C, die vor allem eine höhere Leistung auf die Schiene bringt. Rund 1.050 Exemplare dieser ab 1985 in den Fabriken Dalian, Datong, Sifang und Ziyang gebauten Maschinen rollen über Chinas Gleise.

Seit 1996 verlässt mit der DF 4D die derzeit jüngste Generation dieser Bauart die Fabrikhallen von

Nicht alle Züge benötigten zwei Lokomotiven: Für die regulär 2.300 t schweren Züge waren am Pass zwei Maschinen vorgeschrieben, für nur zwei Waggons hingegen reichte auch eine Lok. Im Februar 2004 rollt eine Maschine der Reihe QJ im letzten Abendlicht talwärts.
Aufnahme: Dirk Höllerhage

Dalian. In unterschiedlichen Ausführungen sind die Maschinen für den Güter- wie den Reisezugverkehr geeignet. Die Leistung beträgt nun 2.940 kW, bis Ende 2005 waren rund 1.000 Exemplare gebaut und ausgeliefert, weitere sind im Bau.

Mit den leistungsfähigen Großdiesellokomotiven gelang es der Jitong-Eisenbahn binnen kürzester Zeit, die Dampflokomotive komplett abzulösen. Der Eisenbahn-Liebhaber mag dies bedauern. Aber angesichts des unglaublich schweren Dienstes auf den Führerständen, häufig bei Temperaturen um -30°C und bei beißendem Wind, dürften viele Eisenbahner in der Inneren Mongolei dem »Eisernen Drachen« nur verhalten nachtrauern.

Technische Daten

	DF 4A	DF 4C	DF 4D
Achsfolge	Co'Co'	Co'Co'	Co'Co'
Leistung (kW)	2.430	2.647	2.940
Gewicht (t)	138	138	138
Antrieb	d-e	d-e	d-e
erstes Baujahr	1969	1985	1996
Stückzahl	~ 3.800	~ 1.050	~ 1.000

Linke Seite: Sieben Tunnel und zahlreiche Kehren mussten die Ingenieure anlegen, um die Jitong-Linie über die Berge zu führen. Für das Lokpersonal waren die Tunnel eine echte Herausforderung, vor allem auf dem Führerstand der zweiten Lokomotive. Seit dem Winter 2005/2006 ist der Dienst erheblich leichter geworden, denn die Dampfloks fahren nicht mehr (Februar 2004).

Aufnahme: Dirk Höllerhage

Unten: Abschied vom Dampf: Noch einmal ein (letzter) Blick auf den Si Ming Yi-Viadukt bei Reshui. Der weltweit letzte Hauptbahndampf ist seit Dezember 2005 Geschichte – aber die eindrucksvollen Bilder aus der Inneren Mongolei werden im Gedächtnis der Eisenbahnfreunde haften bleiben. *Aufnahme: Roland Meier*

Erz für Europa

Von Kiruna nach Narvik

In der Umgebung der nordschwedischen Stadt Kiruna lagern Erzvorkommen, die zu den größten der Welt gehören – doch erst seit dem 19. Jahrhundert können diese immensen Bodenschätze erfolgreich ausgebeutet werden, denn bis dahin war es nicht möglich, das Erz von Kiruna zum Meer zu transportieren. Doch auch der Bahnbau im unwirtlichen Gelände erwies sich als schwierig, es brauchte mehrere Anläufe, bis 1903 endlich die »Malmbanan« auf voller Länge fertig gestellt war. Die eingleisige Strecke führt von Luleå am Bottnischen Meerbusen über Boden, Gällivare und Kiruna nach Narvik in Norwegen. Insbesondere der Abschnitt von Kiruna bis Narvik verlangte den Bahnbauern alles ab – zwischen Riksgränsen und dem Endbahnhof Narvik windet sich die Strecke entlang des Ofot-Fjords auf nur 40 Kilometern Länge um 540 Höhenmeter nach unten.

Die Erzbahn ist heute Westeuropas nördlichste Eisenbahnstrecke und transportiert im Jahr bis zu 3 Mio. Tonnen Erz. Die meist 50 Waggons umfassenden Züge werden schon seit 1923 von elektrischen Lokomotiven gezogen. Jeder Zug hat ein Gewicht von über 5.000 Tonnen. Seit 2000 verfügt die Erzbahn mit den neuen IORE-Lokomotiven über die derzeit stärksten elektrischen Lokomotiven der Welt. Mit ihrer Leistung von über 10.000 kW soll das Zuggewicht in naher Zukunft auf über 8.000 Tonnen erhöht werden, um damit den Transport zu rationalisieren. Zuvor allerdings ist eine Erhöhung der zulässigen Achsfahrmasse auf 30 Tonnen erforderlich.

Bis 1996 teilten sich die Schwedische und die Norwegische Staatsbahn den Betrieb. Seither führt die Erzbaugesellschaft LKAB die Transporte in Eigenregie durch und hat dafür auch die Fahrzeuge von den Staatsbahnen übernommen. So haben etwa die klassischen dreiteiligen Elektro-Oldtimer der Reihe Dm3 ihre braune Lackierung zu Gunsten der LKAB-Hausfarbe Blau eingetauscht – aber am beeindruckenden Ganzzugverkehr im hohen Norden hat sich dadurch nichts geändert. Rund um die Uhr bringen die Züge das Erz aus den Weiten Schwedens ans Meer.

Rund 7.000 kW leisten die dreiteiligen Elektrolokomotiven der Reihe Dm3 mit Stangenantrieb, die noch immer auf der »Malmbanan« im Einsatz sind. Am 27. März 2004 ist in Vassijaure tiefster Winter, als Dm3 1220/1239/1219 einen beladenen Erzzug von Kiruna nach Narvik bringt. *Aufnahme: Wolfgang Pischek*

Schon in der zweiten Hälfte des 17. Jahrhunderts wurden in den unwirtlichen Gebieten Nordschwedens enorme Erzvorkommen entdeckt. Doch die ersten Bergwerke, die dort entstanden, blieben wirtschaftlich ohne Erfolg. Der Grund dafür war simpel: Mangels anderer Möglichkeiten musste das Erz mit Pferde- oder Rentierschlitten von den Gruben zu den Schmelzanlagen befördert werden. Der enorme Aufwand für den Transport machte die Förderung und Verwertung des Erzes unrentabel. Erst ab etwa 1870 wurde der Erzabbau im hohen Norden, weit jenseits des Polarkreises, wirtschaftlich interessant. Zum einen ermöglichte der so genannte »Thomas-Prozess« die Gewinnung von Roheisen auch aus hoch phosphorhaltigem Erz, zum anderen eröffnete die Eisenbahn die Möglichkeit für einen effizienten Transport. In der zweiten Hälfte des 19. Jahrhunderts entstanden die ersten konkreten Planungen für den Bau einer Eisenbahnstrecke von den Erzminen bei Gällivare und dem späteren Kiruna ans Meer.

Die Eisenbahn

Die Überlegungen zum Bau einer Eisenbahn gehen bis in die erste Hälfte des 19. Jahrhunderts zurück. 1829 hatte George Stephenson der Welt bewiesen, dass die Eisenbahn in der Lage war, große Lasten schnell und zuverlässig zu transportieren. Doch die Verhältnisse in England waren mit Lappland nicht zu vergleichen. Bis heute zählt der Norden Schwedens zu den am dünnsten besiedelten Regionen Europas. Hinzu kommen die klimatischen Verhältnisse, sodass die ersten Vorhaben letztlich an der unwirtlichen Wildnis scheiterten. 1864 war man schließlich soweit, dass man mit einiger Aussicht auf Erfolg eine Bahnlinie von Gällivare bis nach Edefors planen konnte. Von Edefors (ungefähr auf halber Strecke zwischen Gällivare und Luleå) sollte das Erz dann mit Schiffen auf dem Luleälv nach Luleå gebracht werden. Dafür hätte der Fluss kanalisiert werden müssen, doch dazu kam es nicht, weil die Betreibergesellschaft schon kurz nach Beginn der Bauarbeiten in Konkurs ging. 1882 erhielt dann ein britisches Konsortium die Konzession für den Bau einer Eisenbahn zum Abtransport des Erzes. Diesmal waren die Bemühungen erfolgreich. Nach rund vierjähriger Bauzeit rollte im März 1888 der erste Zug von Malmberget bei Gällivare ins 217 Kilometer entfernte Luleå. Mit der neuen Bahn war das Transportproblem allerdings nur zum Teil gelöst. Der Hafen Luleå, am bottnischen Meerbusen gelegen, war nämlich nur in der warmen Jahreszeit nutzbar, weil die Ostsee im Winter zufror. Die »Swedish and Norwegian Railway Co. Ltd.«, die die neue Bahn betrieb, hatte deshalb schon bei der Konzessionserteilung eine Verbindung nicht nur nach Südosten, sondern auch nach Nordwesten geplant. Der norwegische Hafen Narvik liegt an den Ausläufern des Golfstroms. Dadurch

Rund 70 Kilometer ist der Torneträsk lang, an dessen Südufer sich die Erzbahn entlang windet. Am 15. September 2005 zieht Dm3 1226/1242/1225 einen Leerzug bei Kaisepakte. *Aufnahme: Wolfgang Pischek*

Transport för LKAB
1226

Nur noch wenige Kilometer, dann ist der Anstieg von Narvik geschafft. Mit bis zu 18‰ Steigung windet sich das Gleis der Erzbahn an den Steilhängen des Rombaken hinauf. Am 4. März 2005 bringt IORE 105/106 bei Katterat eine Leergarnitur von Narvik nach Kiruna zurück. *Aufnahme: Wolfgang Pischek*

ist er das ganze Jahr hindurch eisfrei und bot sich somit als Verladestelle für das nordschwedische Erz an.
Doch die Gesellschaft hatte offenbar den Aufwand des Eisenbahnbetriebs im hohen Norden unterschätzt. 1891 meldete auch sie Konkurs an. Schließlich blieb es dem schwedischen Staat überlassen, die Eisenbahn fertig zu stellen. Nach einem entsprechenden Parlamentsbeschluss gingen die Bauarbeiten ab 1898 weiter. 1899 erreichte das Gleis Kiruna, 1902 überquerte die Trasse beim heutigen Bahnhof Riksgränsen die Grenze zu Norwegen und am 15. November 1902 fuhr erstmals ein Erzzug in Narvik ein. Im Juli 1903 wurde die insgesamt 490 Kilometer lange Strecke vom schwedischen König offiziell eingeweiht.

An die unglaublichen Anstrengungen und Mühen, die die Bahnbauer insbesondere im Nordabschnitt erbringen mussten, erinnert bis heute ein Denkmal im Bahnhof Kiruna. Die Leistung der »rallare«, der Bahnarbeiter, vor allem auf den letzten 40 Kilometern zwischen Riksgränsen und Narvik nötigt den Reisenden noch immer höchsten Respekt ab.

Die Strecke

Die heutige Erzbahn verbindet die Erzabbaugebiete von Kiruna und Gällivare mit den Häfen von Luleå an der Ostsee und Narvik am Atlantik. Während das Erz aus Gällivare zum größten Teil über Luleå abgefahren wird, geht das Erz aus den beiden Förderstätten bei Kiruna

zum überwiegenden Teil über den anspruchsvolleren Nordast nach Narvik. Erst 1963/64 erfuhr die Erzbahn eine Ergänzung, als die 46 Kilometer lange Stichstrecke von Kiruna nach Svappavaara in Betrieb genommen wurde. Der Erzabbau in Svappavaara ist mittlerweile wieder eingestellt, die Strecke aber noch in Betrieb, weil in Svappavaara weiterhin Veredelungsanlagen für das in Kiruna geförderte Erz bedient werden. Damit umfasst das »Netz« der Erzbahn insgesamt 536 Kilometer. Der Hauptverkehr läuft allerdings über den rund 170 Kilometer langen Abschnitt von Kiruna bis Narvik.
Kiruna ist heute die nördlichste Stadt Schwedens und rühmt sich, die flächenmäßig größte Gemeinde Europas zu sein. In der Tat ist das Gemeindegebiet Kiruna fast so groß wie Hessen, allerdings leben auf dieser Fläche nur knapp 25.000 Menschen. Die Stadt selbst entstand erst mit dem Bahnbau. Rund um die Eisenbahnstation Luossavaare, benannt nach dem Erzberg Luossavaara, entstand eine Siedlung, die 1900 in Kiruna umbenannt wurde. Der Name stammt vom zweiten großen Erzabbaugebiet, dem Kiirunavaara. Von Kiruna auf etwa 500 m Meereshöhe führt die eingleisige Strecke in

Die Erzbahn in Zahlen

Teilstrecke	erbaut	Länge	Tunnel	max. Neigung
Narvik – Riksgränsen	1898-1902	39 km	22	18 ‰
Riksgränsen – Kiruna	1898-1902	128 km	3	11 ‰
Kiruna – Svappavaara	1963-1964	46 km	-	12 ‰
Kiruna – Malmberget	1898-1900	106 km	-	14 ‰
Malmberget – Luleå	1884-1888	217 km	-	17 ‰

Am 10. August 1981 liegt der Betrieb auf der »Malmbanan« noch allein in den Händen der Schwedischen und der Norwegischen Staatsbahn. Die schwedischen Dm3-Lokomotiven tragen noch ihre traditionelle braune Farbgebung und die originalen Scheinwerfer. Die Leergarnitur hat den Verladebahnhof Narvik verlassen und rollt nun durch den Personenbahnhof in Richtung Kiruna. *Aufnahme: Claus-Jürgen Jacobson*

Dank seiner Lage am Golfstrom ist der Hafen Narvik ganzjährig eisfrei. Daher wird der größere Teil des Erzes aus Nordschweden über Narvik in die Welt geschickt.

Aufnahme: Pressebild LKAB

nordwestlicher Richtung stets leicht bergab und erreicht nach etwa 90 Kilometern den Torneträsk, einen rund 70 Kilometer langen See. Rund 100 Kilometer nach Kiruna liegt die Station Abisko. Ab hier steigt sie wieder mit einer maximalen Neigung von 18 ‰ in Richtung norwegischer Grenze. Der Bahnhof Riksgränsen ist die letzte Station auf schwedischem Gebiet, im nachfolgenden norwegischen Bahnhof Bjørnfjell ist wieder eine Höhe von über 500 m ü. NN erreicht. Ab hier beginnt der spektakuläre Abstieg nach Narvik. Auf einer Streckenlänge von etwa 42 Kilometern fällt die Bahn mit einer maximalen Neigung von 18 ‰ auf Meereshöhe. Durch zahlreiche Tunnel, enge Kurven und Schneeverbauungen windet sich das Gleis am südlichen Steilhang des Rombaken, einem Seitenarm des Ofotfjords, hinab und erreicht kurz vor dem Personenbahnhof Narvik die Talsohle. Während für die wenigen Reisezüge hier Endstation ist, rollen die Erzzüge noch ein kurzes Stück weiter bis zur gigantischen Verladeanlage, an der das Erz direkt in Schiffe umgeladen wird.

Wegen ihrer Streckenführung entlang des Ofotfjords trägt die Bahn im norwegischen Teil den Namen »Ofotbanen«, während in Schweden der Hauptverwendungszweck Pate stand: »Malmbanan« heißt auf deutsch nichts anderes als Erzbahn. Die gesamte Strecke ist bis heute eingleisig. Um den vor allem im Nordabschnitt sehr dichten Verkehr zu bewältigen, sind daher ungefähr alle 10 Kilometer Kreuzungsmöglichkeiten vorhanden, an denen sich die Züge begegnen können. Der gesamte Betrieb der Nordstrecke wird zentral von Kiruna aus überwacht.

Angesichts der gewaltigen Frachtmengen, die die Bahn von Anfang an zu bewältigen hatte, verwundert es nicht, dass die Schwedische Staatsbahn ihren Teil der Strecke bereits früh mit Fahrdraht überspannte, um die hier eingesetzten Dampflokomotiven zu ersetzen und die Zuglasten erhöhen zu können. Als erste größere Strecke Schwedens konnte der Abschnitt Kiruna – Riksgränsen ab 1915 elektrisch befahren werden. 1923 erfolgte der norwegische Abschnitt bis Narvik und die Südstrecke nach Luleå. Durch den Einsatz elektrischer Lokomotiven konnten die Zuglasten auf knapp 2.000 Tonnen erhöht werden, die Erleichterungen für das Lokpersonal durch die moderne Technik bedürfen wohl keiner besonderen Erwähnung. Ende der 1950er-Jahre stieß die Transportkapazität der Erzbahn erneut an ihre Grenzen. Für eine weitere Anhebung der Zuglasten waren allerdings weder die vorhandenen Fahrzeuge noch die Strecke geeignet. Um den Einsatz neuer Lokomotiven und Wagen mit höherer Leistung bzw. größerem Fassungsvermögen zu ermöglichen, musste das Gleis für eine Achsfahrmasse von 25 Tonnen ertüchtigt werden. Nach Abschluss dieser Maßnahme konnte das zulässige Gesamtgewicht eines beladenen Erzzugs auf 4.900 Tonnen, später dann auf 5.200 Tonnen gesteigert werden. Bis zum Erscheinen der neuen IORE-Maschinen und den damit einhergehenden Modernisierungsmaßnahmen behielten die Lastgrenzen ihre Gültigkeit. Um trotz des aufwändigen Betriebs unter den besonderen Bedingungen im hohen

Norden auch in Zukunft am Weltmarkt konkurrenzfähig zu bleiben, entwickelte die Erzminengesellschaft LKAB (Luossavaara-Kiirunavaara-Aktiebolaget) die »Vision 2005«. Dahinter verbirgt sich ein ehrgeiziges Modernisierungsprogramm, das die gesamte Erzbahn effizienter machen und damit die Preise des nordschwedischen Erzes wettbewerbsfähig halten soll. Neben neuen Lokomotiven und Waggons sowie neuen Verladeanlagen in den Häfen Luleå und Narvik beinhaltet das Programm auch eine weitere Erhöhung der Achsfahrmasse auf nun 30 Tonnen. Auch die Länge der Erzzüge wächst von derzeit maximal 52 auf dann 68 Waggons, wodurch das Gesamtgewicht der Züge auf knapp 8.200 Tonnen ansteigt. Weitere Maßnahmen sind die Erhöhung der Streckenhöchstgeschwindigkeit bei beladenen Zügen von derzeit 50 km/h auf 60 km/h bzw. bei Leerzügen von 60 km/h auf 70 km/h. Während die Südstrecke nach Luleå bereits fertig ist, sollen die Ertüchtigungsmaßnahmen auf dem Nordast spätestens im Oktober 2008 abgeschlossen sein. Die Erzbahn ist dann in der Lage, jährlich mehr als 23 Mio. Tonnen Fracht zu transportieren, das entspricht ungefähr 7.000 beladenen Zügen.

Der Betrieb

Von Anfang an war die Erzbahn eine ausgesprochene Güterstrecke. Das ist bis heute so geblieben. Zwar verkehren auch ein paar Reisezüge, etwa ein tägliches Schnellzugpaar von bzw. nach Stockholm, doch der Güterverkehr hat absolute Priorität. Das äußert sich etwa darin, dass Reisezüge generell den Güterzügen Vorrang gewähren müssen, was zuweilen längere Standzeiten in einem der Kreuzungsbahnhöfe mit sich bringt. Insbesondere die beladenen Erzzüge sollen ihre Fahrt möglichst ohne unnötiges Bremsen und Anfahren absolvieren. Die Lastrichtung wirkt sich positiv auf den Betrieb der Bahn aus. Beladene Züge müssen nur im

Der Winter stellt an Mensch und Maschinen besondere Anforderungen. Der beladene Erzzug mit seinen beiden IORE-Maschinen hat den größten Teil seiner Fahrt von Kiruna nach Narvik bereits geschafft, als er an den Hängen des Ofot-Fjords talwärts rollt.

Aufnahme: Wolfgang Pischek

Abschnitt Abisko – Riksgränsen nennenswerte Steigungen überwinden, der überwiegende Teil der Strecke liegt für die beladenen Züge im Gefälle, insbesondere der rund vierzig Kilometer lange Gebirgsabschnitt zwischen Riksgränsen und Narvik mit seinen 18-‰-Rampen. Gleichwohl sind die Lokomotiven oft bis zur Leistungsgrenze gefordert, vor allem dann, wenn im arktischen Winter Schnee und Eis den Betrieb zusätzlich erschweren.

Der Zugbetrieb auf der Erzbahn läuft rund um die Uhr und an sieben Tagen in der Woche. Zurzeit fahren täglich elf bis 13 beladene Züge von Kiruna nach Narvik, auf der Südstrecke nach Luleå sind es fünf bis sechs Züge. Für die rund 170 Kilometer nach Narvik benötigt ein beladener Zug etwas mehr als vier Stunden. Zum Vergleich: Der schnellste Reisezug schafft es im Fahrplan 2007 in 2 Stunden 41 Minuten.

Der Betriebsablauf auf der Erzbahn ist, angefangen beim Beladen der Züge in den Bergwerken bis zum Umladen auf die Schiffe, in hohem Maße automatisiert. Dennoch sind die Transportkosten deutlich höher als jene von Mitbewerbern etwa in Afrika oder Australien. Alle Rationalisierungs- und Modernisierungsarbeiten auf der Erzbahn in den vergangenen Jahren hatten daher das Ziel, diese Kosten spürbar zu senken. Neben dem Fahrzeugsektor und der Infrastruktur ist auch der Betrieb von der »Vision 2005« direkt betroffen. Mit den neuen Lokomotiven lassen sich die Fahrzeiten der Züge trotz höherer Lasten steigern. Dadurch verkürzt sich die Umlaufzeit der einzelnen Garnituren, d.h. die Waggons stehen schneller wieder für eine erneute Beladung bereit. Beladen werden die Züge direkt im Bergwerk. Die Verladesilos in Kiruna sind unmittelbar in den Berg gesprengt worden, die Züge werden mit Rangierlokomotiven unter die Verladeanlagen geschoben. Neben kurzen Wegen hat dies den Vorteil, dass das Verladen auch im Winter unabhängig von

El15.2192+2195 sind mit ihrem Erzzug am 6. Juli 2000 bei Björkliden fast am Ziel ihrer Reise angelangt.

Aufnahme: Wolfgang Pischek

der Witterung erfolgen kann. Die Erhöhung der Zuglasten um fast 3.000 Tonnen hat zur Folge, dass für das gleiche Transportvolumen weniger Zugfahrten nötig sind bzw. dass bei gleich bleibender Zugzahl mehr Fracht transportiert werden kann. Im Endeffekt bewirkt dies eine spürbare Erhöhung der Streckenkapazität. Gleichzeitig kann die Anzahl der vorzuhaltenden Fahrzeuge, insbesondere die Zahl der Waggons, gesenkt werden.

Bis 1996 waren die Schwedische Staatsbahn (SJ) und die Norwegische Staatsbahn (NSB) für den Betrieb auf der Erzbahn allein zuständig. Dank der Deregulierung des Eisenbahnwesens, die in Schweden schon früher als in Deutschland eingeleitet wurde, bekam LKAB die Möglichkeit, den Transport des Erzes in eigener Regie durchzuführen. Zum 1. Juli 1996 entstanden die Transportgesellschaften MTAB für den schwedischen bzw. MTAS für den norwegischen Teil der Strecke. Zunächst waren die beiden Staatsbahnen noch an diesen Gesellschaften beteiligt, seit 2000 sind beide hundertprozentige LKAB-Töchter. Der Erztransport auf der Malmbanan liegt allein in der Hand der LKAB, die Unterhaltung und Modernisierung der Infrastruktur weiterhin bei den staatlichen Gesellschaften »Banverket« (Schweden) bzw. »Jernbaneverket« (Norwegen).

Die Fahrzeuge

Bis zur Aufnahme des elektrischen Betriebs oblag die Traktion der Erzzüge den Dampflokomotiven. Ab 1908 setzte die Schwedische Staatsbahn dafür die fünffach gekuppelte Reihe R ein, die stärkste schwedische Dampflok überhaupt. Ab 1923 übernahmen Elektroloko-

Die »Königin der Erzbahn« – noch sind die mächtigen Stangen-Elloks der Reihe Dm3 unverzichtbar, aber ihre Tage sind gezählt. Am 31. Mai 2001 musste sich Dm3 1202/1231/1201 allerdings noch keine Zukunftssorgen machen, als sie bei Vassijaure unterwegs war. *Aufnahme: Wolfgang Pischek*

motiven den durchgehenden Betrieb, die schwedische Staatsbahn beschaffte dafür die Reihen Oa/Ob und Oe/Of, die norwegische die Reihen El3 und El4. Die Erhöhung der Zuggewichte in den 1950er-Jahren erforderte neue Triebfahrzeuge, die Ära der Reihe Dm auf der Erzbahn begann. Zwischen 1953 und 1960 gelangten insgesamt 22 Doppellokomotiven (Schweden Reihe Dm, Norwegen El12) auf die Gleise. Die vierfach gekuppelten Maschinen mit Stangenantrieb leisten knapp 5.000 kW. Ab 1960 wurde ein Teil der Doppellokomotiven durch das Einfügen eines führerstandslosen Mittelteils zu dreiteiligen Loks erweitert, weitere Maschinen bereits als Dreiteiler ausgeliefert: Die bis heute als Inbegriff der Erzbahn geltende »Dm3« war geboren, wobei diese eingebürgerte Bezeichnung streng genommen nicht ganz korrekt ist. Die Baureihenbezeichnung Dm3 trägt nur das Mittelteil der Maschine, die beiden Endeinheiten firmieren unter Dm. In mehreren Serien entstanden bis 1970 insgesamt 19 Exemplare, hinzu kamen noch zwei ähnliche Dreiteiler der Norwegischen Staatsbahn, die aus ihren Doppelloks zwei dreiteilige Maschinen konfigurierte. Sie unterschieden sich allerdings durch die Achsfolge von den schwedischen Maschinen. Das Mittelteil der schwedischen Variante hatte keine Laufachse, in der norwegischen Fassung lief hingegen eine ursprünglich als Kopfteil verwendete Einheit mit einer Laufachse als Mittelteil. Die insgesamt 270 Tonnen schweren Kraftpakete leisten 7.200 kW und galten lange Zeit als stärkste Elektrolokomotiven der Welt. Sie erwiesen sich als so robust, dass ein Teil der Flotte noch immer im täglichen Einsatz steht. Mit den Dm3 konnte die Zuglast auf über 5.000 Tonnen gesteigert werden. 1967 bekamen die urwüchsigen Stangen-Elloks Unterstützung durch sechs norwegische Lokomotiven der Reihe El15. Im Gegensatz zu den vorhandenen Maschinen entsprachen die El15 der zu dieser Zeit bereits üblichen Bauart der laufachslosen Drehgestell-Lokomotiven. Um das gleiche Pensum wie eine Dm3 erfüllen zu können, mussten die sechsachsigen Maschinen allerdings in Doppeltraktion fahren. Mit der Inbetriebnahme der IORE-Doppelloks wurden die Fahrzeuge auf der Erzbahn überflüssig und 2004 an die schwedische Privatbahn HectorRail verkauft.

Am 20. September 2005 begegnete IORE 105/106 dem Fotografen bei Raustas. Mit den neuen Hochleistungsmaschinen sollen in Zukunft die Zuggewichte um knapp 3.000 Tonnen angehoben und gleichzeitig die Geschwindigkeit der Züge um 10 km/h erhöht werden, um die Umlaufzeit der Garnituren zu verkürzen und dadurch weniger Rollmaterial vorhalten zu müssen.

Aufnahme: Wolfgang Pischek

Mit der Reihe Rm kam ab 1977 eine Abwandlung der schwedischen Universalgattung Rc auf die Erzbahn. Die insgesamt sechs Maschinen waren gegenüber der Ausgangsbaureihe mit 15 Tonnen zusätzlichem Ballast versehen, um das Reibungsgewicht zu erhöhen. Die Geschwindigkeit war auf 100 km/h begrenzt. Die Maschinen sollten in Dreifachtraktion die älteren Stangenlokomotiven ablösen. Wegen ihrer starken Schleuderneigung waren sie jedoch für den Erzverkehr wenig geeignet und verschwanden schon nach wenigen Jahren wieder.
Mit der Bahn übernahm MTAB auch das gesamte Rollmaterial von den Staatsbahnen. Seither fahren fast alle Maschinen in neuer Lackierung und mit einem unübersehbaren LKAB-Schriftzug an der Seite durch Nordschweden. Für das in der »Vision 2005« festgelegte Anforderungsprofil

waren die vorhandenen Lokomotiven nicht geeignet. Überdies gelangen die Dm3-Giganten nach rund vierzig Jahren harten Dauereinsatzes langsam ans Ende ihrer Einsatzzeit. Für die neuen Herausforderungen bestellte MTAB deshalb insgesamt neun neue Doppellokomotiven, die alle bisherigen Maschinen in den Schatten stellen. Der Auftrag ging an Adtranz, heute Bombardier Transportation. Die erste Lokomotive war im Sommer 2000 fertig gestellt und wurde zunächst in der Lokomotivfabrik Kassel der Öffentlichkeit präsentiert. Der Gigant trägt die Bezeichnung IORE, ein Kunstwort, abgeleitet aus IronORE (Eisenerz). Für die Gleise der Deutschen Bahn wäre die Lok mit einer Achsfahrmasse von 30 Tonnen zu schwer gewesen, deshalb erfolgte die Überführung nach Schweden auf antriebslosen Hilfsdrehgestellen. Die Antriebsdrehgestelle wurden auf Flachwagen dem Überführungszug beigestellt. Nachdem die Maschine im August 2000 in Kiruna eingetroffen war, folgten umfangreiche Test- und Probefahrten. Bis 2004 gelangten alle neun Einheiten auf die Schienen. Mit 10.800 kW sind sie derzeit wahrscheinlich die stärksten Elektrolokomotiven der Welt. Während die erste Lok mit einem Gesamtgewicht von 360 Tonnen ausgeliefert wurde, ließ man bei den nachfolgenden Maschinen zunächst den zur Erhöhung des Reibungsgewichts eingebauten Ballast weg, sodass sich das Gewicht auf 300 Tonnen und die Achsfahrmasse auf 25 Tonnen reduzierte. Mit der kompletten Ertüchtigung der Strecke auf 30 Tonnen Achsfahrmasse werden auch diese Maschinen entsprechend ausgerüstet.

Der planmäßige Einsatz der IORE beschränkte sich zunächst auf den Südabschnitt, weil dieser zuerst für die neuen Lasten ausgebaut war. Mittlerweile fahren sie aber auch auf der Nordstrecke. Passend zu den neuen Lokomotiven bestellte MTAB auch neue Erzwagen mit größerem Ladevolumen. Ziel war es, den übernommenen Bestand von über 900 Vierachsern mit 80 Tonnen Nutzlast um etwa ein Drittel zu senken. Bis 2000 lieferte Transwerk (Südafrika) 68 Wagen mit 100 Tonnen Nutzlast. Im Alltagsbetrieb zeigten die neuen Fahrzeuge allerdings bald Mängel. Zum einen wurde die geforderte Ladekapazität von 100 Tonnen um sieben bis acht Tonnen unterschritten, zum anderen waren die Ladeklappen häufig undicht. Außerdem waren Drehgestelle und Bremszylinder den rauen Witterungsverhältnissen im Winter nicht gewachsen. Deshalb verzichtete MTAB im März 2004 auf weitere Serien und ließ als Zwischenlösung die bewährten 80-Tonner der Gattung Uad in über hundert Exemplaren nachbauen, um der Wagenknappheit schnell Herr zu werden. Gleichzeitig entstand in Zusammenarbeit mit der schwedischen Firma K-Industrier (Kockums, Malmö) ein neuer Erzwagentyp für 100 Tonnen Nutzlast und 30 Tonnen Achsfahrmasse. Das erste Fahrzeug wurde im Herbst 2005 ausgeliefert, danach folgten wöchentlich vier neue Wagen. Die Ablieferung der ersten 70 Wagen war im März 2006 abgeschlossen.

Inzwischen hat LKAB eine Absichtserklärung über 680 neue Erzwagen abgegeben, 148 sind bereits fest bestellt und in Produktion. Wenn alle in der »Vision 2005« genannten Maßnahmen im Herbst 2008 abgeschlossen sein werden, kann die Erzbahn mit besten Zukunftsaussichten ihr zweites Jahrhundert unter die Räder nehmen.

Die Erzbahn-Elloks Technische Daten

Reihe	Dm/Dm3 (SJ)	El15 (NSB)	IORE (MTAB)
Baujahr	1963-70	1967	2000-04
Stückzahl	16 (3-tlg. Einh.)	6	9 (Doppelloks)
Gewicht (t)	273	132	360/300
Leistung (kW)	7.200	5.406	10.800
Achsfolge	1'D+D+D1'	Co'Co'	Co'Co'+Co'Co'
V_{max} (km/h)	75	120	80
Länge ü. K. (m)	35,25	19,8	45,81

Den spektakulärsten und steilsten Abschnitt der Erzbahn zwischen Bjornfjell und Narvik befahren die beladenen Erzzüge talwärts. So hält sich die Anstrengung für die Maschinen auf den letzten 40 Kilometern der Reise in Grenzen.

Aufnahme: Wolfgang Pischek

103

Reptilien

Mit dem Krokodil über die Alpen

Schwere Züge brauchen starke Lokomotiven, vor allem dann, wenn es bergauf geht. So verwundert es nicht, dass der Güterverkehr über die Alpenbahnen in Österreich und in der Schweiz schon bald zu speziellen Lokomotivkonstruktionen führte, denn hier waren die Anforderungen oft besonders hoch. Einerseits nämlich herrschte nach Eröffnung der großen Alpenbahnen am Gotthard (Schweiz) oder am Arlberg (Österreich) praktisch von Beginn an ein enormer Güterverkehr, folgten die Bahnstrecken doch den seit Jahrhunderten frequentierten Handelswegen. Andererseits brachte es die Topographie mit sich, dass die Eisenbahn mit engen Kurvenradien und großen Steigungen zurechtkommen musste sowie in kilometerlangen Tunnels das Gebirge unterquerte. Die Dampftraktion stieß unter solchen Bedingungen schon bald an die Grenzen der Leistungsfähigkeit von Mensch und Maschine. Doch auch die elektrische Traktion hatte seinerzeit ihre Tücken: Je stärker die Lokomotiven waren, desto mehr Platz brauchten Motoren und Antrieb, die Maschinen fielen also ziemlich schwer und groß aus und bekamen dadurch schnell Probleme mit den engen Kurvenradien der Gebirgsbahnen.

Mit der Erfindung der charakteristischen Gelenklokomotiven konnte dieses Problem elegant gelöst werden. Und dank ihres markanten Aussehens hatten die lang gestreckten Kraftpakete bald ihren Spitznamen weg: Die »Krokodile« waren geboren. Bis heute sind die urwüchsigen Lokomotiven aus der Frühzeit der Elektrotraktion ungeheuer populär, obwohl sie schon seit Jahren von modernen Fahrzeugen abgelöst wurden. Doch im Gegensatz zu heutigen Maschinen sah man den Reptilien ihre Kraft schon von weitem an, wenn sie sich mit ihren Wagenschlangen durch die Alpentäler wanden.

Gewissermaßen die »Zwergalligatoren« unter den Krokodilen sind die Schmalspurmaschinen der Rhätischen Bahn. Mittlerweile sind die Fahrzeuge aus dem regulären Dienst ausgeschieden. *Aufnahme: Dietmar Beckmann*

Die Ce 6/8''' 13253 ist betriebsfähige Museumslok von SBB Historic und in Erstfeld stationiert. Von Zeit zu Zeit wird der Veteran vor Regionalgüterzügen auf der Gotthardbahn eingesetzt. *Aufnahme: Slg. Joachim Stender*

Schon bald nach der Eröffnung vieler Alpentransversalen erwies sich deren Betrieb mit Dampflokomotiven als unwirtschaftlich. Ein sinnvoller Betrieb war daher nur mit Elektrolokomotiven möglich, denn die Dieseltechnik steckte zu dieser Zeit noch in den Kinderschuhen.

Krokodile in der Schweiz

So begannen die Alpenländer, allen voran die Schweiz, schon früh, ihre Hauptstrecken zu elektrifizieren. Begünstigt wurde dies nicht zuletzt dadurch, dass die Kohle für die Dampfloks mangels eigener Vorkommen teuer importiert werden musste, während für die Erzeugung elektrischen Stroms Wasserkraft in Hülle und Fülle zur Verfügung stand.
Eine der wichtigsten Alpen-Magistralen ist die Gotthard-Strecke, die Luzern und Zürich im Norden mit Chiasso im Süden der Schweiz verbindet. Die eigentliche Gotthardbahn wurde 1882 zwischen Immensee (460 m ü. NN) und Chiasso (238 m ü. NN) eröffnet. Im 15 Kilometer langen Gotthardtunnel zwischen Göschenen und Airolo erreicht sie mit 1.151 m ü. NN ihren Scheitelpunkt. Dabei müssen Steigungen bis zu 30 ‰ überwunden werden. Deshalb dachte man schon zu Beginn des 20. Jahrhunderts über eine Elektrifizierung der Strecke nach. 1922 konnte der elektrische Betrieb auf der nun komplett zweigleisig ausgebauten Strecke eröffnet werden.

Die Baureihen Ce 6/8'' und Ce 6/8''' der Schweizerischen Bundesbahnen (SBB)

Um die schweren Züge über die Strecke befördern zu können, mussten natürlich auch die passenden Lokomotiven beschafft werden. Die SBB bestellten bereits 1917 vier

Probe-Lokomotiven, drei für Schnellzüge und eine für den schweren Güterzugdienst auf den Rampen. Die als Ce 6/8^{I} bezeichnete Maschine mit der Nummer 14201 hatte zwei dreiachsige Drehgestelle, die durch Kuppelstangen mit den Antriebsmotoren verbunden waren. Der einteilige Lokkasten erstreckte sich über den gesamten Rahmen und hatte nur zwei kurze Vorbauten, die von zwei Vorlaufachsen getragen wurden.
Aber die Laufeigenschaften der Lok, besonders in den Gleisbögen, überzeugten nicht. Weil die Eröffnung des elektrischen Betriebs am Gotthard immer näher rückte, entschlossen sich die SBB deshalb zur Bestellung einer Lokomotive mit dreiteiligem Rahmen und ohne eigentliche Drehgestelle. Im Frühling 1918 bestellten die SBB insgesamt 33 Lokomotiven, 1919 und 1920 kamen sie auf die Gleise. Die SBB reihten die Fahrzeuge als Ce 6/8^{II} 14251 bis 14283 in ihren Fahrzeugpark ein. Das charakteristische Äußere der Lokomotiven mit den beiden langen Vorbauten über den dreiachsigen Antriebsgruppen und dem kurzen, die beiden Antriebsgruppen verbindenden mittleren Aufbau brachte ihnen schnell den bis heute gängigen Namen »Krokodile« ein.

Nach der Ablieferung fuhren die »Krokodile« zunächst auf der Strecke Bern – Thun – Spiez, zu diesem Zeitpunkt die einzige elektrifizierte Strecke der SBB. Mit der Inbetriebnahme der Fahrleitung 1922 wurden die Loks an den Gotthard versetzt und lösten dort Dampflokomotiven der Baureihe C 5/6 ab. Sie waren aber auch auf anderen elektrifizierten Strecken der Schweiz im Güterverkehr anzutreffen.
Die Lokomotiven waren in der Lage, die Strecke zwischen Goldau und Chiasso (197 km) innerhalb von 28 Stunden mit einer Anhängelast von 860 Tonnen zweimal zurückzulegen. Außerdem konnten sie auf der Strecke Bellinzona – Chiasso eine Anhängelast von 625 Tonnen befördern. Bei einer Steigung von 26 ‰ konnten 430 Tonnen mit 35 km/h und 300 Tonnen Anhängelast mit 50 km/h befördert werden.
Schon kurze Zeit nach der Lieferung der ersten »Krokodile« benötigten die SBB weitere leistungsfähige Güterzuglokomotiven. Weil sich die Ce 6/8^{II} gut bewährt hatten, entschloss man sich zum Nachbau dieser Loktype. Dabei sollten einerseits neueste technische Entwicklungen und die Erfahrungen mit den alten Maschinen ein-

Am Ende ihrer Einsatzzeit liefen die »Krokodile« meist nur noch in untergeordneten Diensten vor Dienst- oder leichten Güterzügen. So machte sich auch dieses Reptil vor einem Arbeitszug nützlich. *Aufnahme: Thomas Estler*

fließen, andererseits wollte man eine im Betrieb und in der Unterhaltung einfachere Maschine als die Ce 6/8II, deren kompliziertes Triebwerk viel Aufmerksamkeit und Zeit in Anspruch nahm. Zu dieser Zeit hatte sich der Winterthurer Schrägstangenantrieb (benannt nach der Lokomotivfabrik Winterthur) bei vielen Lokomotiven im In- und Ausland bewährt. Auch die SBB entschieden sich für diese Antriebsform bei den neuen Lokomotiven. Sie waren wie die Ce 6/8II dreiteilig; die beiden schmalen und niedrigen Vorbauten und der dazwischen liegende breite und hohe Aufbau waren gelenkig miteinander verbunden. Da die beiden Vorbauten höher und etwas breiter ausfielen als bei den Vorgängern, wirkten die Maschinen etwas bulliger. Entsprechend den gestiegenen Anforderungen wurden die zu befördernden Lasten höher angesetzt als bei der Ce 6/8II. So mussten auf einer Steigung von 10 ‰ Züge mit 1.400 Tonnen Gewicht mit 35 km/h befördert werden können. Bei Rampen von 26 ‰ wurden für 520 Tonnen immerhin noch 30 km/h verlangt.

Die Inbetriebnahme der insgesamt 18 Lokomotiven erfolgte in zwei Bauserien 1926 und 1927. Die Loks bekamen die Bezeichnung Ce 6/8III und die Nummern 14301 bis 14318. Zunächst für den Einsatz im Mittelland gedacht, kamen die Maschinen letztlich doch an den Gotthard.

Ab 1941 wurden die 13 Lokomotiven der ersten Bauform umfassend modernisiert. So wurden u.a. die Lokrahmen verstärkt und neue Fahrmotoren mit höherer Leistung eingebaut. Gleichzeitig wurde die Höchstgeschwindigkeit von 65 km/h auf 75 km/h erhöht. Die schnelleren Maschinen erhielten nun die neue Bezeichnung Be 6/8II, die Loknummern wurden um tausend herabgesetzt. 1956 wurde auch die Höchstgeschwindigkeit der zweiten Ausführung angehoben. Diese Loks wurden nun als Be 6/8III bezeichnet.

Wegen der höheren Kräfte, die bei diesen Geschwindigkeiten auftreten, verschlechterten sich die Laufeigenschaften der Loks und es kam immer wieder zu Schäden an den Antriebsstangen. Weil sich das Problem nicht lösen ließ,

Mit Rangiererbühnen ausgestattet und mit nur noch einem Pantographen versehen versahen die letzten SBB-Krokodile am Schluss Verschubdienst in Basel.

Aufnahme: Slg. Joachim Stender

wurde die Höchstgeschwindigkeit 1973 wieder auf 65 km/h herabgesetzt. Zu dieser Zeit verfügten die SBB längst über modernere, stärkere und schnellere Güterzugloks, sodass sich die Abstellung der »Krokodile« abzeichnete.

Von der modernen Drehgestellmaschine der Baureihe Ae 6/6 am Gotthard verdrängt, wechselten alle Lokomotiven vom Depot Erstfeld zum Depot Basel und wanderten von den Gebirgsstrecken auf Flachlandstrecken ab. Vermehrt verschwanden sie von den Hauptstrecken und wurden auf Nebenstrecken in untergeordneten Diensten verwendet. Nicht umgebaute Ce 6/8II erhielten neue Aufgaben im Rangierdienst. Dazu wurden u.a. über den Puffern Bühnen für das Rangierpersonal angebaut und ein Stromabnehmer entfernt.

Mit der Abstellung der Be 6/8III 14267 und 14278 verschwanden 1983 die letzten »Krokodile« von den Gleisen der SBB. Aber viele der markanten Maschinen wurden nicht verschrottet, sondern gelangten in Eisenbahnmuseen. So besitzt die SBB Historic die Lokomotive 13253. Die 13257 ist in Floridsdorf bei Wien stationiert. Im Technik-Museum Speyer ist die 14267, im Auto- und Technikmuseum Sinsheim die 14282 zu finden. Dem Club San Gottardo gehört die 14276. Im Verkehrshaus der Schweiz findet man die 13254. Als Denkmal in Erstfeld ist die 14270 stationiert.

Kleiner Bruder: Das Seetal-Krokodil der Reihe De 6/6

1922 übernahmen die SBB die »Seetal-Bahn«, eine Bahnlinie zwischen Emmenbrücke bei Luzern und Lenzburg. Die Strecke war 1883 eröffnet und samt ihrer Zweigstrecken von der »Schweizerischen Seetalbahngesellschaft« betrieben worden. 1910 erfolgte die Elektrifizierung, allerdings mit dem abweichenden Stromsystem von 5.500 V und 25 Hz. Dagegen betreibt die SBB bis heute ihre Strecken mit Einphasen-Wechselstrom, der eine Spannung von 15.000 V mit 16 2/3 Hz besitzt.
Bei der Verstaatlichung übernahmen die SBB auch zehn elektrische Triebwagen, mit denen aber der steigende Güterverkehr nicht zu bewältigen war. Außerdem war die Umstellung des Stromsystems (auf 15 kV, 16 2/3 Hz) beschlossen. Deshalb mussten neue Lokomotiven beschafft werden. Weil die Strecke jedoch extrem kurvenreich mit geringen Halbmessern trassiert war, kamen nur wenige Konstruktionen in Frage. Die guten Erfahrungen mit den »großen Krokodilen« der Bauart Ce 6/8II veranlassten die SBB, auch hier auf dieses Konstruktionsprinzip zurückzugreifen. Allerdings mussten die Loks nicht so leistungsstark sein und konnten deshalb kleiner ausfallen. Es entstand ein kleines Krokodil mit zwei dreiachsigen Antriebsgruppen, aber ohne Laufachsen, das als De 6/6 mit den Nummern 15301 bis 15303 in den Plänen der SBB geführt wurde.
Lieferjahr der zunächst nur 40 km/h schnellen Lokomotiven war 1926. Weil zu diesem Zeitpunkt das Stromsystem noch nicht umgestellt war, hatten die »Zweisystem«-Loks als Besonderheit zunächst einen umschaltbaren Transformator, der aus beiden Systemen versorgt werden konnte. Während zwei Lokomotiven auf der

Die »kleinen Krokodile« waren jahrzehntelang das Markenzeichen der kurvenreichen Seetalbahn von Luzern nach Lenzburg. Eine der Maschinen ist bis heute bei der OeBB erhalten geblieben. Aufnahme: Dietmar Beckmann

Große Teile der Seetalbahn verlaufen direkt neben der Straße, außerdem queren zahlreiche Anschlusswege die Trasse. Die Strecke gehört daher zu den unfallträchtigsten der SBB. Mit einem »Minimal«-Güterzug verlässt das Seetal-Krokodil Hochdorf.

Aufnahme: Dietmar Beckmann

Seetal-Strecke im Güterzugdienst unterwegs waren, wurde die dritte Maschine in Chiasso beheimatet und war auf der Strecke nach Lugano zu finden. Sie kam erst 1930 ins Seetal, sodass nun zwei Loks Züge beförderten, die dritte diente als Reserve. Um die Loks sinnvoll einsetzen zu können, wurde ihre Höchstgeschwindigkeit 1939 auf 50 km/h angehoben.

Dieser Betrieb wurde bis Anfang der 1980er-Jahre aufrechterhalten. Dann hatten die Loks das Ende ihrer Nutzungszeit erreicht und sollten abgestellt werden. 1983 wurden die Loks 15302 und 15303 verschrottet, während die 15301 zur Oensingen-Balsthal-Bahn (OeBB) gelangte, die sie im Güterzugdienst einsetzte.

Kriechtiere für den Ablaufberg: Die Rangier-Krokodile der Reihe Ee 6/6

Die letzten »Krokodile«, die die SBB in Dienst stellten, waren die Rangierlokomotiven der Baureihe Ee 6/6. Für den schweren Rangierdienst an Ablaufbergen benötigten die SBB Anfang der 1950-Jahre eine robuste, leistungsfähige Maschine mit möglichst hohem Reibungsgewicht, um schwere Züge verschieben zu können. Eine hohe Endgeschwindigkeit war dabei eher zweitrangig.

Mit den beiden langen Vorbauten und den zwei Antriebsgruppen, die durch eine kurze Brücke verbunden wurden, auf der das Führerhaus steht, sind die beiden als Ee 6/6 16801 und 16802 bezeichneten Loks echte »Krokodile«. Auch der Antrieb mit Blindwelle, Kuppelstangen und drei angetriebenen Radsätzen entspricht den großen Schwestern. Wie bei der De 6/6 hat auch hier allerdings nur ein Stromabnehmer auf dem kurzen Dach Platz gefunden. Auffällig sind die für Rangierlokomotiven typischen Bühnen an den Stirnseiten, auf denen das Personal mitfahren kann.

Nach ihrer Ablieferung kamen die Loks nach Zürich bzw. Basel und später nach Biel. Nach einem Motorschaden wurde die 16802 Ende 1999 abgestellt und verschrottet. Auch die zweite Lok wurde inzwischen abgestellt, sodass keine mehr bei den SBB zu finden ist.

Nur zwei Exemplare umfasste die letzte SBB-Krokodil-Baureihe Ee 6/6. Die Maschinen waren im Rangierdienst in Basel, Zürich und Biel eingesetzt.

Aufnahme: Slg. Joachim Stender

Bündner Spezialität: Die Baureihe Ge 6/6I der Rhätischen Bahn (RhB)

Wie bei den normalspurigen Bahnen in der Schweiz war es sinnvoll, auch auf den steilen und windungsreichen Schmalspurstrecken ohne Zahnradbetrieb den unwirtschaftlichen Dampfbetrieb durch die elektrische Traktion zu ersetzen. Zur gleichen Zeit wie die SBB beschloss auch die Rhätische Bahn (RhB), ihr meterspuriges Streckennetz in Graubünden verstärkt zu elektrifizieren und die Dampfloks abzulösen. Deshalb musste auch die RhB neue Elloks beschaffen. Die Topografie und die Streckenführung verlangte ebenfalls eine »kurvengängige« Loktype, sodass eine Adaption der bei den SBB bewährten dreiteiligen »Krokodil«-Bauform mit zwei langen Vorbauten und einem mittlerem, auf beiden Antriebseinheiten aufliegenden Lokkasten auf der Hand lag. Zunächst wurden sechs Lokomotiven bestellt. Sie wurden 1921 geliefert und von der RhB als Baureihe Ge 6/6I mit den Nummern 401 bis 406 übernommen.

Bei den Lokomotiven konnte auf Laufachsen verzichtet werden, sodass sie nur auf zwei dreiachsigen Antriebseinheiten laufen, deren drei Radsätze über Treib- und Kuppelstangen mit den Blindwellen des Antriebs verbunden sind. Nach der Ablieferung kamen die Lokomotiven auf der Albulabahn Chur – St. Moritz zum Einsatz. Sie bewährten sich dort so gut, dass bereits Ende 1921 vier weitere Loks dieser Bauart bestellt wurden. Die Aufnahme des elektrischen Betriebes auf der Strecke Landquart – Davos erforderte weitere Lokomotiven, die stärker als die bisher vorhandenen Ge 2/4 und Ge 4/6 sein mussten. So folgten 1922 die Lokomotiven 407 bis 410, 1925 die 411 und 412 und 1929 die Maschinen 413 bis 415. Damit waren alle Loks dieser Baureihe ausgeliefert und die noch vorhandenen Dampfloks konnte endgültig abgestellt werden.

In den nächsten Jahren bildeten die 15 braunen »Krokodile« das Rückgrat der Zugförderung bei der RhB. Sie wurden dabei aber nicht nur vor Güterzügen, sondern auch vor Reisezügen eingesetzt. Dazu gehörten auch so bekannte Züge wie der »Engadin-Express« oder der »Glacier-Express«, der ab 1930 Zermatt mit St. Moritz verband.

Bereits 1958 drängten die ersten neueren Loks der Reihe Ge 6/6II die »Krokodile« in weniger anspruchsvolle Dienste und nach über 50 Jahren Einsatz wurde 1974 die erste Maschine unfallbedingt ausrangiert. Die ab 1973 ausgelieferten Ge 4/4II beschleunigten dies noch. 1984

Die Schmalspur-Krokodile der Rhätischen Bahn befuhren eine der spektakulärsten Eisenbahnstrecken der Alpen. Ein Güterzug mit Personenbeförderung hat Filisur verlassen und strebt dem Albulatunnel entgegen. Aufnahme: Thomas Estler

wurden gleich sechs Ge 6/6ᴵ abgestellt. Letztes Aufgabengebiet der Krokodile waren nach dem reinen Güterzugdienst, den sie ab 1965 bestritten, so genannte Stückgutzüge. Dabei handelte es sich um Personenzüge, denen je nach Bedarf mehr oder weniger Güterwagen beigestellt wurden. Nachdem im Juni 2001 die Lok 411 nach einem Unfall abgestellt wurde, sind nur noch die Nummern 412, 414 und 415 betriebsbereit. Sie sind in Landquart und Samedan beheimatet. Lok 412 wurde 2006, anlässlich des 75-jährigen Jubiläums des Glacier-Express, passend zum »Alpine Pullman Classic« dunkelblau lackiert. Die 411 gehört heute zum Bestand des Deutschen Museums in München. Die Lokomotive 407 ist in Bergün als Denkmal aufgestellt.

Krokodil mit Zähnen: Die Reihe HGe 4/4ᴵ der Brig-Visp-Zermatt-Bahn (BVZ)

Eine weitere Bahngesellschaft, die sich nach dem Ersten Weltkrieg der Elektrifizierung ihres Streckennetzes zuwandte, war die Visp-Zermatt-Bahn (VZ), später Brig-Visp-Zermatt-Bahn (BVZ). Sie hatte jedoch neben den Adhäsionsstrecken auch Linien mit Zahnradbetrieb.
Nach Überlegungen, Triebwagen zu beschaffen, entschied man sich dann doch für Lokomotiven. Weil die Loks den eben beschriebenen rhätischen »Krokodilen« der Bauart Ge 6/6ᴵ ähnlich sehen, sollen sie hier vorgestellt werden, auch wenn sie streng genommen keine »echten« Krokodile sind, da alle Aufbauten auf einem einteiligen Rahmen sitzen, der seinerseits

auf zwei zweiachsigen Drehgestellen aufliegt. Bemerkenswert an diesen Loks sind die Gepäckräume, die im Mittelteil hinter den Führerständen zu finden sind. Sie können von den Seiten durch zweiflügelige Drehtüren beladen werden. Ebenfalls in Abweichung von den bislang vorgestellten Fahrzeugen ging man vom üblichen Stangenantrieb ab und bevorzugte einen Einzelachsantrieb mit zugehörigen Fahrmotoren. Weil die Loks auf steilen Zahnradstrecken eingesetzt werden, haben sie neben der normalen Klotzbremse auch eine Bandbremse. Hierbei wird die Achse eines Radsatzes von einem Band umschlungen, dass, wenn es angezogen wird, über Reibung die Achse bremst. Jeder Führerstand hat zudem zwei Handbremsen, von denen eine auf die Bremsklötze des darunter liegenden Drehgestells wirkt, die zweite auf die Bandbremse des anderen Drehgestells.

In den Jahren 1929 und 1930 wurden fünf Lokomotiven geliefert und als HGe $4/4^{I}$ mit den Nummern 11 bis 15 in Betrieb genommen. 1939 folgte noch die HGe $4/4^{I}$ 16. Sie hat aber einen durchgehenden Lokkasten und damit keine Ähnlichkeit mit den »Krokodilen«.

Nach ihrer Indienststellung übernahmen die Loks einen Großteil des Personen- und Güterverkehrs auf der Strecke. Zwischen 1960 und 1965 wurden die sechs Elloks durch insgesamt fünf Doppeltriebwagen der Typen ABDeh 6/6 und ABDeh 8/8 ergänzt. 1975 und 1976 kamen noch vier schwere Gepäcktriebwagen des Typs Deh 4/4 hinzu. Mit diesen Fahrzeugen konnte

Die HGe $4/4^{I}$ der Brig-Visp-Zermatt-Bahn sind streng genommen keine echten Krokodile, denn sie besitzen einen durchgehenden Lokkasten ohne Gelenke. Dennoch wirken die Maschinen mit ihren Vorbauten ähnlich urwüchsig wie die echten Alpenreptilien. Bei St. Niklaus ist ein Personenzug mit Güterbeförderung auf dem Weg nach Zermatt.

Aufnahme: Dietmar Beckmann

der Betrieb erheblich vereinfacht werden, denn der Einsatz von Trieb- und Steuerwagen machte das Umstellen der Zuglok an den Endbahnhöfen überflüssig. Die »Krokodile« wanderten deshalb immer mehr in den Güterzugdienst sowie andere untergeordnete Dienste ab.
Von den Lokomotiven ist nur die Nummer 15 betriebsfähig erhalten geblieben. Sie wird für den Einsatz vor Nostalgiezügen verwendet.

Krokodile in Österreich

Die Österreichischen Bundesbahnen (ÖBB) haben in den Bergen ähnliche Streckenverhältnisse wie die Schweiz und setzten deshalb ebenfalls auf »Krokodile«. Auch hier begann die Geschichte bereits in den 1920er-Jahren, als beschlossen wurde, den Dampfbetrieb auf der Arlbergbahn durch den elektrischen Betrieb abzulösen. Weil dafür aber keine geeigneten Maschinen zur Verfügung standen, mussten neue Loks entwickelt und gebaut werden.

Die Baureihe 1089/1189

Anfang der 1920er-Jahre gab es zum Stangenantrieb noch keine Alternative und um die geforderte Antriebsleistung auf die Gleise zu bringen, mussten die Loks entsprechend groß ausgeführt werden. Wie bei den SBB entschied man sich für eine Lokomotive mit zwei voneinander unabhängigen Antriebsgruppen. Eine Antriebsgruppe besteht aus zwei Fahrmotoren, die ihre Kraft über eine Blindwelle und Kuppelstangen auf drei Radsätze übertragen. Die Länge und die Laufeigenschaften erforderten zusätzliche Laufachsen an den Lokenden. Der Aufbau besteht aus den beiden niedrigen Vorbauten und dem hohen Mittelteil mit den beiden Führerständen. Alle Teile sind direkt mit dem Rahmen verbunden.
Die Loks hatten die Aufgabe, Güterzüge mit einem Gewicht von 380 Tonnen auf einer Steigung von 26,4 ‰ mit einer Geschwindigkeit von 25 km/h zu befördern. Bei einer Steigung

Nach Schweizer Vorbild entstanden auch in Österreich Gelenklokomotiven für den Dienst auf der Arlbergbahn. Die Reihe 1089/1189 war aber auch anderen Orts heimisch.
Aufnahme: Slg. Joachim Stender

Nur ein einziges ÖBB-Krokodil erhielt den Anstrich in Blutorange. Die 1189.02 ist bis heute erhalten, allerdings trägt sie als Museumslokomotive längst wieder eine dunkelgrüne Lackierung. Die Aufnahme entstand in Gmunden. Aufnahme: Klaus Müller

von 31,4 ‰ waren bei einer Anhängelast von 320 Tonnen immer noch 20 km/h gefordert.
1920 wurden die ersten drei »Krokodile« bei der Wiener Lokomotivfabrik Floridsdorf bestellt und im Dezember 1922 stand die erste Maschine für Probefahrten auf dem Streckennetz der Wien-Pressburger-Eisenbahn zur Verfügung. Aufgrund der positiven Ergebnisse kamen bis 1924 vier weitere Loks dazu, sodass schließlich sieben »Krokodile« als Reihe 1100 im Dienst der BBÖ standen. Weil damit der Bedarf aber noch nicht gedeckt werden konnte, entstanden in den Jahren 1925 und 1926 weitere neun Lokomotiven, die aber gegenüber der ersten Serie stärker und schwerer waren. Sie wurden als Reihe 1100.1 bezeichnet.
Die Lokomotiven wurden zunächst in Innsbruck, später auch in Salzburg stationiert, von wo sie auf der Arlberg- und Tauernbahn eingesetzt wurden. Zunächst liefen die »Krokodile« als Universallokomotiven vor allen Zuggattungen, neuere Baureihen verdrängten sie allerdings mehr und mehr in Güterzugdienste. 1938 wurde Österreich an Deutschland angegliedert und die BBÖ von der Deutschen Reichsbahn übernommen. Deshalb wurden die »Krokodile« in das deutsche Loknummernschema übernommen und bekamen die Baureihenbezeichnungen E 89 und E 89^1. Die E 89 wurde in Attnang-Puchheim stationiert, die E 89^1 war in Salzburg zuhause. Im Zweiten Weltkrieg wurden zwei Loks zerstört. Die 1100.01 wurde von den ÖBB nach Kriegsende wieder aufgebaut und war noch über 20 Jahre im Einsatz. Die ÖBB legte auch die deutschen Baureihenbezeichnungen ab und ordnete die Loks nun als Baureihe 1089 und 1189 ein.
In den 1960er-Jahren wurden alle Loks in Attnang-Puchheim zusammengezogen und blieben dort bis zu ihrer Ausmusterung. Diese begann Mitte der 1970er-Jahre und war bis 1980 abgeschlossen. Die 1189.02 ist bis heute erhalten und wird zur Bespannung von Nostalgiezügen herangezogen. Sie war die einzige Lok ihrer Reihe, die in den 1970er-Jahren den blutorangefarbenen Anstrich der ÖBB erhielt und

wurde 1987 zum österreichischen Einsenbahnjubiläum in den grünen Ursprungszustand mit der Nummer 1100.102 zurück versetzt.

Abschied vom Stangenantrieb: Die Reihe 1020 der ÖBB

Die österreichische »Krokodil«-Baureihe 1020 ging aus den nach dem Zweiten Weltkrieg in Österreich verbliebenen deutschen Elloks der Baureihe E 94 hervor. Anfang der 1930er-Jahre war die Elektrifizierung der Eisenbahnstrecken in Süddeutschland in vollem Gange. Für diese teilweise doch recht gebirgigen Strecken brauchte die Reichsbahn eine neue starke Güterzuglokomotive. Die Antriebstechnik war inzwischen soweit fortgeschritten, dass man sich vom bekannten Stangenantrieb abwenden und dem Einzelachsantrieb den Vorzug geben konnte. Es entstand eine sechsachsige Lokomotive mit zwei niedrigen, auf den Drehgestellen montierten Vorbauten. Ein Rahmen mit einem hohen Lokkasten diente als Verbindungsbrücke zwischen beiden Drehgestellen. Damit hatten auch diese als Baureihe E 93 bezeichneten Lokomotiven das Aussehen der »Krokodile«. Zwischen 1933 und 1939 wurden 18 dieser »Reptilien« beschafft und kamen in Württemberg zum Einsatz.

Mit dem Anschluss Österreichs an Deutschland gelangten mit der Arlbergbahn und der Tauernbahn »echte« Hochgebirgsstrecken zur Reichsbahn. Gleichzeitig stiegen die Zuggewichte sowie die Anzahl der Güterzüge. So reichten die 18 Maschinen weder leistungsnoch zahlenmäßig aus. Weil sie sich aber bewährt hatten, entschloss man sich zu einer Weiterentwicklung und es entstand die stärkere und auch schnellere Baureihe E 94.

Mit der E 94 001 wurde 1940 die erste Maschine abgeliefert. Als »kriegswichtige« Lokbaureihe lief die Produktion auch in den Folgejahren bis 1945 weiter. Die Deutsche Bundesbahn (DB) entschloss sich sogar Mitte der 1950er-Jahre noch zu einem Nachbau der robusten Maschine, sodass insgesamt mehr als 200 Exemplare gefertigt wurden.

Nach Kriegsende waren 44 Lokomotiven in Österreich. Die Baureihenbezeichnung wurde 1954 in 1020 geändert. Im gleichen Jahr kamen drei Nachbau-Loks hinzu, die aus noch vorhandenen Einzelteilen zusammengebaut worden waren, sodass schließlich 47 Maschinen zur Verfügung standen.

Die Baureihe 1020 wurde über Jahrzehnte im Güterzug- und Rampendienst eingesetzt und war in allen wichtigen Zugförderungsstellen stationiert. Die Lokomotiven beförderten auch Züge in das benachbarte Ausland, und kamen so regelmäßig bis München, Tarvis (Italien) und Jesenice (Slowenien). Ab 1967 wurden die Lokomotiven grundlegend modernisiert. Sie erhielten dabei u. a. zwei gummigefasste Stirnfenster statt der vorhandenen drei, eine Scheinwerfer-Schlusslicht-Kombination und einen neuen Anstrich in Blutorange, der das traditionelle Tannengrün ersetzte. Die alten Lüftergitter an den Vorbauten wurden gegen neue Düsenlüftergitter ausgetauscht.

Neuere und leistungsfähigere Lokbaureihen, etwa die Baureihen 1010 und 1110, drängten die 1020 zunehmend in untergeordnete Dienste. Anfang der 1980er-Jahre begann die Ausmusterung. Zu dieser Zeit waren Bludenz, Innsbruck und Wörgl die Hochburgen der 1020. 1990 waren noch 27 Loks im Bestand. Sie hatten aber keinen festen Einsatzplan mehr und wurden nur noch zu Sondereinsätzen herangezogen. 1995 wurden die letzten Lokomotiven »kassiert«.

Der Nachwelt blieben u.a. die Lokomotiven 1020.18 (ehemalige E 94 001 bei den Eisenbahnfreunden Linz), 1020.37 (ÖGEG Linz), 1020.42 (Modellbahnhersteller Roco), 1020.44 (ÖBB Nostalgie) und 1020.47 (ÖBB) erhalten. Sie wurde von den ÖBB weitgehend in den Ursprungszustand versetzt und hat den tannengrünen Anstrich. Die meisten dieser Lokomotiven sind betriebsfähig und werden im Museumsbetrieb in Österreich und Deutschland eingesetzt. Wieder im angestammten Metier im Einsatz ist die 1020.41. Die blau lackierte Lok gehört der deutschen Mittelweserbahn und wird auf der Spessartrampe (Laufach – Heigenbrücken) meist zu Schubdiensten herangezogen.

Technische Daten

Baureihe	Ce 6/8[II]	Ce 6/8[III]	De 6/6	Ee 6/6	Ge 6/6[I]	1089	1189	1020
Nummern	14251-14283	14301-14318	15301-15 303	16801-16802	401-415	01 ... 07	01-09	01-47
Anzahl	33	18	3	2	15	7	9	47
Baujahr	1919-1920	1925	1925	1950	1921-29	1923	1926	1939-52
Achsfolge	(1'C)(C1')	(1'C)(C1')	C'C'	C'C'	C'C'	(1'C)(C1')	(1'C)(C1')	Co'Co'
LüP (mm)	19.400	20.060	14.000	14.840	13.300	20.350	20.400	18.600
Treibraddurchmesser (mm)	1.350	1.350	1.040	1.040	1.070	1.350	1.350	1.250
Laufraddurchmesser (mm)	850	850	--	--	--	870	870	-
V max (km/h)	65	75	50	45	55	65	75	75
Masse (t)	128	131	73	90,3	66	116	116	120
Fahrmotoren	4	4	2	2	2	4	4	6
Leistung (kW)	1.647	1.809	1.170	1.000	755	1.800	1.900	3.300

Die 1020.47 ist betriebsfähige Museumslokomotive der ÖBB und wurde mit viel Liebe in den Ursprungszustand zurück versetzt. Hier schiebt sie einen schweren Kohlezug über die Semmeringbahn, Europas erste Gebirgsbahn.

Aufnahme: Slg. Joachim Stender

201

Zahn um Zahn

Mit Volldampf über den Erzberg

Sie ist bis heute die steilste normalspurige Eisenbahnstrecke in Österreich: die »Erzbergbahn« von Vordernberg über den Präbichl nach Eisenerz. Bis in die 1980er-Jahre war die rund 20 Kilometer lange eingleisige Bahnlinie ein Wallfahrtsort für Eisenbahnfreunde aus aller Welt – kein Wunder, denn die Erzbergbahn war aufgrund ihrer Betriebsführung ein einzigartiges Stück Eisenbahn mitten im Herzen Europas. Bis 1978 setzten die Österreichischen Bundesbahnen (ÖBB) auf dieser Strecke fast ausschließlich Dampflokomotiven ein. Und die teilweise über 80 Jahre alten Maschinen waren auf der überaus anspruchsvollen Strecke bis zum Schluss mächtig gefordert.

Die bis zu 71 ‰ steilen Rampen auf beiden Seiten waren für die dampfbespannten Erzzüge nur mit Hilfe einer Zahnstange des Systems Abt zu bewältigen, und selbst dann waren noch zwei Maschinen pro Zug nötig. Einen vergleichbaren Betrieb gab es in der zweiten Hälfte des 20. Jahrhunderts sonst nirgendwo mehr in Europa, und so wurde der Erzberg zum Ziel zahlloser Dampflokfreunde, die noch einmal erleben wollten, zu welchen Leistungen die urwüchsige Technik in der Lage ist, wenn sie gefordert wird.

Nur ein kurzes Intermezzo blieb die Bespannung der Erzzüge mit Diesellokomotiven im Reibungsbetrieb. Zwar wird am Erzberg noch immer Eisenerz gefördert, doch ist der Transport über den Präbichl seit dem 27. Juni 1986 Geschichte. Die Haltestelle Krumpenthal, letzter Halt vor Eisenerz, erhielt 1985 eine moderne Verladeanlage, außerdem elektrifizierten die ÖBB den Abschnitt Eisenerz – Krumpenthal, sodass die Erzzüge fortan durchgehend elektrisch bespannt werden konnten. Seither wird das Stahlwerk in Leoben-Donawitz mit Erz vom Erzberg auf dem Weg Krumpenthal – Eisenerz – Hieflau – Linz – Selzthal – Leoben versorgt, trotz des geographischen Umwegs offenbar die kostengünstigere Lösung.

Aus der Erzbergbahn sollte nach Einstellung des Güterverkehrs eine Rodelbahn werden – doch dem »Verein Erzbergbahn« ist es gelungen, die Strecke zwischen Vordernberg Markt und Krumpenthal zu erwerben. Und so bleibt diese einzigartige Eisenbahnstrecke zumindest als Museumsbahn erhalten.

***Wasserhalt am Berg:** In der Betriebsstelle Glaslbremse ergänzten alle bergfahrenden Züge die Wasservorräte, sonst hätte der Dampf nicht bis zum Brechpunkt gereicht. 97.201 an der Zugspitze ist bereits wieder abfahrbereit, die Schublok noch nicht.*

Aufnahme: Johannes Glöckner

Geschichte

Im steirischen Erzberg liegt das mächtigste Spateisenvorkommen Europas. Möglicherweise reicht seine Förderung bis in die Römerzeit zurück. Die heutige Steiermark gehörte damals zur Provinz »Noricum«, und das »ferrum noricum« war im Römischen Reich geschätzt. Definitiv belegt ist der Erzabbau ab dem Jahr 712 n. Chr., vermutlich durch die Slawen. Aus dem 11. und 12. Jahrhundert liegen nicht nur Dokumente, sondern auch archäologische Funde vor, z.B. zwei 1929 auf der Feistawiese gefundene »Rennöfen«, in denen der Rohstoff zu Eisenstücken verhüttet wurde, die dann weiterverarbeitet wurden. Ab dem 12. Jahrhundert verlangte der steigende Bedarf leistungsfähigere Schmelzöfen. Zum Anfachen des Feuers verwendete man Blasebalge, die nun durch Wasserkraft angetrieben wurden. Dem dafür notwendigen Wasserrad verdanken die Öfen den Namen »Radwerk«. Häufig war in den Betrieben auch ein Hammerwerk untergebracht, sodass das Eisen nicht nur erzeugt, sondern auch geschmiedet werden konnte. In der Mitte des 15. Jahrhunderts gab es rund um den Erzberg bereits über 30 Radwerke.

Im 18. Jahrhundert änderte sich die Art der Eisenaufbereitung. In so genannten Floßöfen konnte nun flüssiges Roheisen hergestellt werden, die Vorläufer heutiger Hochöfen waren geboren. Unter Federführung des Erzherzogs Johann schlossen sich 1829 die Vordernberger Radwerke unter einheitlicher Führung zusammen, gut 200 Jahre, nachdem sich auf der anderen Seite des Berges in Eisenerz die dortigen Radwerke zur »Innerberger Hauptgewerkschaft« zusammengefunden hatten. Durch die Initiative Erzherzog Johanns erlebte der steirische Erzbau einen bedeutenden Aufschwung. Der steigende Bedarf verlangte allerdings rationellere Methoden des Abbaus und des Transports.

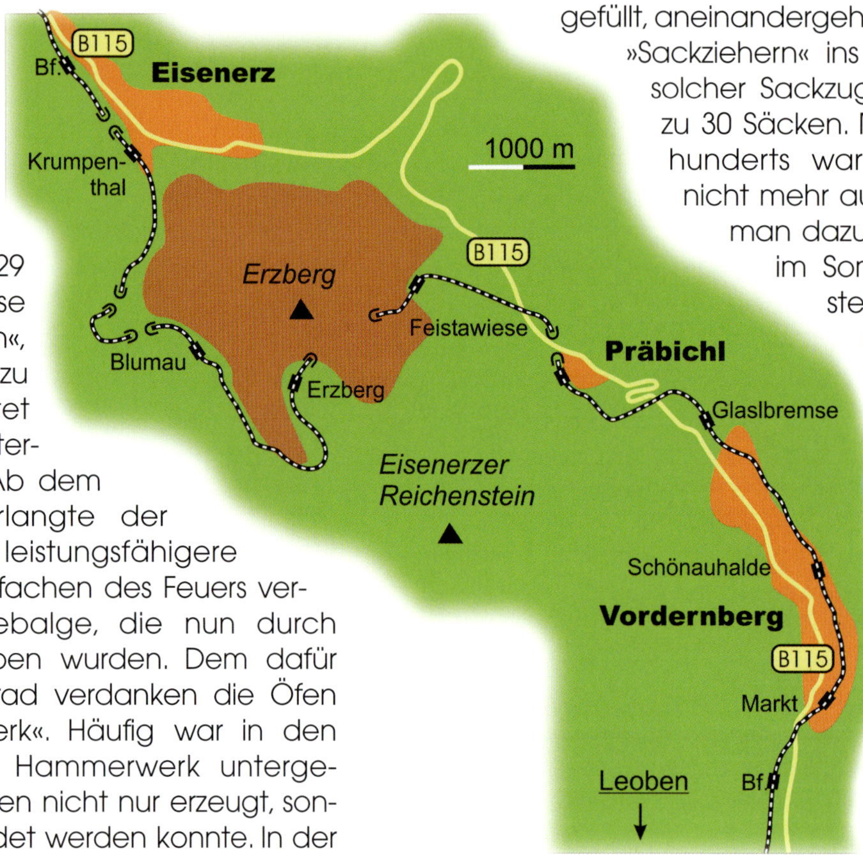

Jahrhunderte lang bediente man sich beim Transport des Erzes von den Förderstellen zu den Radwerken der »Sackzugförderung«. Säcke, die auf der Unterseite mit einer Schweinehaut bezogen waren, wurden mit bis zu drei Zentnern Erz gefüllt, aneinandergehängt und von den »Sackziehern« ins Tal gebracht. Ein solcher Sackzug bestand aus bis zu 30 Säcken. Mitte des 18. Jahrhunderts war diese Methode nicht mehr ausreichend, sodass man dazu überging, das Erz im Sommer mit Fahrgestellen und im Winter mit Schlitten ins Tal zu bringen. Doch auch diese Fördermethode währte nicht lange. Zwischen 1831 und 1836 hielt endlich die Technik Einzug. Mit Hilfe von Horizontalbahnen und Wassertonnenaufzügen gelangte das Erz nun ins Tal. Für die Erzarbeiter, die zuvor die schweren Lasten mühsam mit eigener Muskelkraft schleppen mussten, bedeutete dies eine große Erleichterung. In den Jahren 1844 bis 1847 entstand schließlich die Erzförderanlage Präbichl-Vordernberg. Mit Hilfe von Wasserflügelbremsmaschinen wurde das Erz über zwei Bremsberge ins Tal hinabgelassen. Die Anlieferung des Erzes an die Bremsberge besorgten mit Pferden betriebene Erzförderbahnen.

Einer dieser Bremsberge, die »Glaslbremse«, gab der späteren Wasserstation der Erzbergbahn auf der Südseite ihren Namen.

Ein Einzelstück blieb die Diesellok 2085.01, die Anfang der 70er-Jahre an der Spitze einer Leergarnitur den Bahnhof Vordernberg Markt verlässt – damals dürfte der Fotograf angesichts der Dieselbespannung eher ungehalten gewesen sein, heute ist auch dieses Bild ein unwiederbringliches Dokument. *Aufnahme: Jürgen Krantz*

Die Eisenbahn

Nicht unter den besten Vorzeichen begann in der zweiten Hälfte des 19. Jahrhunderts der Bahnbau am Erzberg: Die Leoben-Vordernberger Eisenbahn, verantwortlich für den Bau der südlichen Zufuhr zum Erzberg, ging während des Streckenbaus in Konkurs, erst nach der Bereitstellung neuer Gelder konnte der Bau fortgesetzt und die Strecke am 18. Mai 1872 in Betrieb genommen werden. Die Betriebsführung der neuen Strecke oblag der Südbahn, die auch die Betriebsmittel stellte. Ein gutes halbes Jahr später, am 6. Januar 1873, begann die Kronprinz-Rudolf-Bahn mit dem Betrieb auf der nördlichen Zufahrt von Hieflau nach Eisenerz. Doch beiden Strecken mangelte es zunächst an Fracht: War das Erz erst einmal auf Fuhrwerke verladen, war es rationeller, mit diesen direkt bis in die Hütten- und Stahlwerke zu fahren, anstatt noch einmal umzuladen.

1888 begann die »Österreichische Alpine Montangesellschaft« mit der Planung einer normalspurigen Bahnlinie von Vordernberg über den rund 1.200 m hohen Präbichl-Pass nach Eisenerz. Die Bahn sollte die bis zu 71 ‰ steilen Rampen mit Hilfe einer Zahnstange überwinden. Einem ersten Versuchsabschnitt in Vordernberg folgte am 25. Mai 1891 die Inbetriebnahme des ersten Teilstücks von Vordernberg bis hinauf zur Passhöhe. Am 18. August desselben Jahres ging auch das nördliche Teilstück bis Eisenerz in Betrieb. Mit einem Festakt wurde die Erzbergbahn am 15. September 1891 schließlich feierlich eröffnet, zunächst allerdings ausschließlich für den Güterverkehr. Im darauf folgenden Sommer verkehrten erstmals auch Personenzüge über den Berg und 1893 ging die bis dahin private Bergbahn an die Staatsbahn über.
Der Hauptteil des am Erzberg geförderten Erzes ging in das Stahlwerk Leoben-Donawitz, das

Im Bahnhof Präbichl wurden die beladenen Züge zur Fahrt nach Vordernberg und weiter nach Donawitz zusammengestellt. Dies war nötig, weil die Züge nach der Beladung vom Bahnhof Erzberg in zwei Teilen auf die Passhöhe gebracht wurden – erst ab hier lief die Garnitur dann mit Zug- und Schublok als Ganzes talwärts. 97.204 an der Spitze wartet in Präbichl auf die Abfahrt in Richtung Vordernberg.
Aufnahme: Jürgen Krantz

Die übliche Betriebsform am Erzberg war die Bespannung mit Zug- und Schublok. Die Diesellokomotive 2085.01 war vor den schweren Zügen genauso gefordert wie die Dampflokomotiven – nur sah man es ihr nicht an. Als Einzelstück konnte sie die Dampfloks nicht ersetzen, zumal sie häufig defekt war. Vor einem Leerzug verlässt sie Vordernberg Markt, am Zugschluss schiebt eine 97.
Aufnahmen: Jürgen Krantz

etwa zeitgleich mit dem Bau der Erzbergbahn bedeutend erweitert wurde und demzufolge einen steigenden Rohstoffbedarf hatte. So fuhr die Mehrzahl der beladenen Züge auf der Südrampe talwärts. Im November 1901 ging das Hochofenwerk Münichthal nahe Eisenerz in Betrieb, sodass auch dorthin Erz geliefert werden musste. Nun waren auf beiden Seiten des Passes Erzzüge unterwegs, wenngleich bis zur Einstellung des Bahnbetriebs stets Donawitz den größeren Anteil hatte. Die Erzbergbahn war immer eine ausgesprochene Güterstrecke, auch wenn sie bis Frühjahr 1988 von Personenzügen befahren wurde. Für dessen Abwicklung reichte zuletzt ein einteiliger Schienenbus, wer über den Berg wollte, fuhr besser und vor allem schneller auf der 1982 großzügig ausgebauten Bundesstraße mit dem Bus oder gleich mit dem eigenen Auto.

Die Strecke

Zwar beginnt die Kilometrierung der Erzbergbahn im Bahnhof Eisenerz auf der Nordseite, doch für die zahllosen Eisenbahnfreunde ist der Bahnhof Vordernberg im Süden Ausgangspunkt der Strecke. Der Bahnhof Vordernberg liegt auf 768 m ü. NN. Im dortigen Heizhaus waren die Maschinen der Bahn beheimatet. Noch in der Bahnhofsausfahrt beginnt der fast 10 Kilometer lange Anstieg zur Passhöhe hinter dem Bahnhof Präbichl. Bis 1970 war die Zahnstange in den eben angelegten Bahnhöfen und Betriebsstellen unterbrochen. Danach wurde sie auf der gesamten Südrampe durchgezogen. Die ÖBB sparten sich dadurch die zahlreichen aufwändigen Einfahrtstellen. Entlang des Vordernbergbachs steigt das Gleis über Vordernberg Markt (ursprünglich »Vordernberg Rathhaus«, 844 m ü. NN) und die bis 1960 betriebene Erzverladestelle Schönauhalde zur Betriebsstelle Glaslbremse (1042 m ü. NN). Hier war für alle Dampfzüge obligatorischer Wasserhalt. Über den so genannten »Hohen Damm« erreicht das Gleis schließlich den 1.204 m hoch gelegenen Bahnhof Präbichl. Der Scheitelpunkt der Strecke liegt in der Mitte des anschließenden 591 m langen Präbichl-Tunnels in 1.204,8 m Meereshöhe. Mit dem Tunnel unterquert die Erzbergbahn die Wasserscheide zwischen Mur und Enns. Ab hier fällt die Strecke wieder. Bis auf wenige Abschnitte war auch die Nordrampe mit Zahnstange versehen. Über die Haltestelle Feistawiese (1.100 m ü. NN) und durch den 1.394 m langen Plattentunnel erreichen die Züge den Verladebahnhof Erzberg (1.070 m ü. NN). Von dort führt das Gleis über eine ganze Reihe von Brücken und durch Tunnel bis Krumpenthal (722 m ü. NN) und endet schließlich in Eisenerz (692 m ü. NN).

Der »Hohe Damm« war einer der beliebtesten Fotostandpunkte auf der südlichen Rampenstrecke. Im Sommer 1968 mühen sich 97.203 und eine Schwestermaschine redlich, die Leergarnitur auf den Berg zu bringen. *Aufnahme: Jürgen Krantz*

Die Fahrzeuge

Bis zum Ende des Dampfbetriebs 1978 lag die Hauptlast der Zugförderung bei den Maschinen der ÖBB-Reihe 97 (alle Bezeichnungen gemäß dem ÖBB-Nummernschema von 1952). Die ersten zehn dieser Tenderlokomotiven mit der Achsfolge C1' waren noch von der Lokalbahn Eisenerz-Vordernberg angeschafft worden, die Lokomotivfabrik Floridsdorf lieferte sie unter den Nummern 69.01 bis 69.10 in den Jahren 1891 bis 1893. Nach der Lieferung der 69.11 bis 69.18 zwischen 1898 und 1908 standen der Erzbergbahn insgesamt 18 Maschinen zur Verfügung. Sie bewährten sich so gut, dass sie bis zum Schluss im Einsatz blieben. Die später gebauten Typen waren zwar allesamt leistungsfähiger, doch wurde die Baureihe 197 in zu geringer Stückzahl geliefert und die Baureihe 297.4 war technisch missraten, sodass sie die Stammlokomotiven nicht zu ersetzen vermochten.
Auf der Zahnradstrecke sollte eine einzelne Lok der Reihe 97 einen Leerzug von 15 Zweiachsern, also ein Gesamtzuggewicht von 105 Tonnen, mit einer Geschwindigkeit von 12 km/h bergwärts bringen. Beim Beladen im Bahnhof Erzberg stieg das Zuggewicht auf 300 Tonnen. Diese Last sollte in zwei Halbzügen von Erzberg zum Präbichl gebracht, dort wieder vereinigt und anschließend talwärts bis Vordernberg gefahren werden. Allerdings reichte die Bremskraft einer 97er dafür nicht aus. Die Waggons hatten anfangs nur Handbremsen, deshalb brauchte man zwei Maschinen, um einen sicheren Betrieb zu gewährleisten. In der Regel lief je eine Lok am Anfang und am Ende des Zuges. Bis 1911 wurden die Dampfloks und ein Teil der Wagen mit einer Vakuumbremse ausgestattet, ehe 1960 auf Druckluftbremsen umgestellt wurde.
Von den insgesamt 18 Maschinen blieben den ÖBB nach dem Zweiten Weltkrieg noch 16 erhalten, 97 216 und 218 (so die amtliche Bezeichnung während der Reichsbahnzeit) kamen 1944 nach Deutschland, wurden aber dort nach dem Krieg verschrottet. Die in Österreich verbliebenen Loks wurden weiterhin im Heizhaus Vordernberg stationiert. Bis 1978 blieben die Maschinen im Betrieb. 97.208 erhielt am 31. Januar. 1978 als letzte in Knittelfeld eine Hauptuntersuchung, zweieinhalb Monate später zog sie den letzten dampfbespannten Erzzug über den Präbichl.
Bis 1910 reichte die Leistung der 18 Loks auf der Erzbergbahn aus. Die Alpine-Montangesellschaft beabsichtigte jedoch, die Produktion des Stahlwerks in Donawitz auszubauen, wodurch sich der Bedarf an Rohstoffen erhöhte. Um die Zuggewichte auf der Erzbergbahn erhöhen zu können, entwarf der österreichische Lokomotiv-Konstrukteur Karl Gölsdorf für die Kaiserlich-königlichen österreichischen Staatsbahnen (kkStB) eine sechsfach gekuppelte Zahnrad-Tenderlok, die 1912 von Floridsdorf in drei Exemplaren geliefert wurde. Die zunächst als Baureihe 269 (ÖBB: 197) bezeichneten Maschinen besaßen sechs angetriebe Achsen und verfügten über rund 50 % mehr Leistung als die Baureihe 97. Zusammen mit einer 97 konnten nun 360 Tonnen, zusammen mit einer weiteren 197 gar 440 Tonnen und nach Änderung der Bremseinrichtung bis zu 600 Tonnen befördert werden. Während die erste Lok von der kkStB finanziert wurde, waren die beiden anderen

Bis zum Ende des Dampfbetriebes blieben die zweiachsigen Erzwagen aus der Anfangszeit der Bahn im Einsatz. Die Aufnahme entstand im Bahnhof Präbichl.

Aufnahme: Jürgen Krantz

Ein gerne fotografiertes Kulturdenkmal ist die Pfarrkirche St. Cäcilia in Vordernberg. Über 80 Jahre lang gehörten die Auspuffschläge der Zahnraddampfloks ebenso zu den alltäglichen Klängen im Tal des Vordernbergbaches wie die Glocken der Kirche. Zwei Maschinen der Reihe 97 bringen im Mai 1977 einen Leerzug bergwärts. *Aufnahme: Jürgen Krantz*

zunächst Eigentum der Alpine-Montangesellschaft. Erst durch Verrechnung der Frachtleistungen gelangten sie schließlich zur Staatsbahn. Alle drei Maschinen überstanden den Zweiten Weltkrieg, die ÖBB reihten sie 1953 als 197.301 bis 197.303 ein. Die 197.302 quittierte 1975 ihren Dienst, 197.303 wurde 1977 ausgemustert. Die 197.301 hingegen blieb bis zum Ende des Dampfbetriebs 1978 im Einsatz: Sie zog am 30. September 1978 den allerletzten Dampf(sonder)zug über den Erzberg und blieb bis heute im Eisenbahnmuseum Strasshof erhalten.

Um 1929 dachte die BBÖ daran, die betagten Maschinen der Erstausstattung zu ersetzen. Die Nachfolger sollten eine modernisierte Form der 269 (197) sein. 1930 wurden zwei Maschinen wiederum bei Floridsdorf bestellt und als Baureihe 369 vorgesehen. Doch die Weltwirtschaftskrise verzögerte Entwicklung und Bau der Maschinen: Die schwere wirtschaftliche Rezession ließ die Zahl der Arbeitslosen in die Höhe schnellen und die Stahl- und Eisenproduktion so stark zurück gehen, dass einstweilen kein Bedarf mehr bestand, die Leistungsfähigkeit der Bahn zu steigern. Das änderte sich allerdings schon bald wieder. Nach dem Anschluss Österreichs an das Deutsche Reich im Jahr 1938 wurde plötzlich wieder Eisen benötigt. Das erforderte auch eine Leistungssteigerung der Erzbergbahn. Unter der Ägide der Deutschen Reichsbahn kam es 1939 zur Bestellung von zwei Tenderlokomotiven mit der Reichsbahn-Bezeichnung 97^4 und der Achsanordnung 1'F1'. Ihre Leistung wird mit 1.450 PS angegeben. Für die riesigen Maschinen mussten die Lamellen der Zahnstangen von 27 mm auf 40 mm Breite verstärkt werden, dafür sollten die Loks jedoch in der Lage sein, 300 Tonnen allein über die Höchststeigung zu befördern. Doch die mit großen Hoffnungen erwarteten Loks litten unter erheblichen »Kinderkrankheiten«. So kamen sie, von einigen Testfahrten abgesehen, bis 1948 nicht in Fahrt. Schon 1949 wanderte die 97.402, wie sie nun hieß, als Ersatzteilspender aufs Abstellgleis. 297.401 wurde von den ÖBB im Februar 1955 nach zahlreichen Modifikationen noch einmal in Betrieb genommen, erhielt 1958 den Giesl-Ejektor und blieb bis 1964 im Dienst. Heute steht sie als Denkmal am Bahnhof Vordernberg-Markt.

Winter im Bahnhof Erzberg: 97.207 und 97.204 haben ihre Wasservorräte ergänzt, und warten nun mit ihrem beladenen Halbzug auf die Rückfahrt zum Bahnhof Präbichl. Aufnahme: Klaus Müller

Die in nur zwei Exemplaren gebaute Baureihe 97^4 war die größte, aber auch die erfolgloseste Dampflokbaureihe am Erzberg. 297.401 blieb immerhin bis 1967 in Betrieb. *Aufnahme: Jürgen Krantz*

Soeben erreicht ein beladener Erzzug den Bahnhof Vordernberg, Schlusslok ist die 197.303, eine der drei im Jahr 1912 gelieferten Sechskuppler. Die von Karl Gölsdorf konstruierten Maschinen waren rund 50% leistungsfähiger als die 18 Loks der Reihe 97 – doch mit nur drei Exemplaren vermochten sie die »Platzhirsche« nicht zu ersetzen. *Aufnahme: Thomas Estler*

Moderne Zeiten

Eigentlich eher zufällig hielt im April 1962 die moderne Traktion am Erzberg Einzug. Als Ableger einer für die ČSD gebauten Serie von Zahnrad-Diesellokomotiven baute die Simmering-Graz-Pauker AG auf eigene Rechnung eine vierachsige Diesellokomotive mit Stangenantrieb, die unter der Bezeichnung SGP 297.01 am Erzberg zum Einsatz kam. Die Maschine sollte als Prototyp einer ÖBB-Serie dienen, doch die ÖBB verzichteten auf eine Folgebestellung. Der Prototyp wurde von der ÖBB gekauft und als 2085.01 eingereiht. Sie war wie die Dampfloks in Vordernberg beheimatet. Weil die Lok keinen Heizkessel hatte, war sie im Personenverkehr nur eingeschränkt verwendbar und lief daher meist zusammen mit einer 97 im Güterverkehr. Als Einzelstück stand sie stets im Schatten ihrer dampfenden Schwestern. Doch den letzten Zug, der mit Hilfe der Zahnstange über den Berg gebracht wurde, zog am 6. Dezember 1978 die ungeliebte Diesellok.

Auf über 1.000 m Meereshöhe liegt der Bahnhof Erzberg. Hier wurden die Leerzüge an der großen Erzverladeanlage beladen, während die Lokomotiven nach der anstrengenden Bergfahrt mit Wasser versorgt und bei Bedarf restauriert wurden. So angenehm die Arbeit für die Eisenbahner in der warmen Jahreszeit auch zu sein schien, im Winter war sie alles andere als ein Zuckerschlecken. *Aufnahme: Jürgen Krantz*

Der Betrieb

Wie bereits erwähnt, war die Hauptabfuhrrichtung der beladenen Erzzüge vom Bahnhof Erzberg nach Süden, denn das Stahlwerk in Leoben-Donawitz war der Hauptabnehmer des Erzes. So entwickelte sich schnell die jahrzehntelang übliche Betriebsführung. Von Leoben liefen die leeren Erzzüge, die aus zweiachsigen Wagen bestanden, zunächst bis Vordernberg, wo sie auf Zahnradloks umgespannt wurden. In der Mehrzahl aller Fälle setzte sich je eine 97 an die Spitze und an den Schluss des Zuges. Mit vereinten Kräften brachten die Maschinen den Leerzug über die rund zehn Kilometer lange Rampe auf die Passhöhe nach Präbichl. Mit dem obligatorischen Wasserhalt in Glaslbremse dauerte das eine gute Stunde. Anschließend ging es weiter zum Verladebahnhof Erzberg, wo die Maschinen neue Wasservorräte erhielten, während die Wagen beladen wurden. In zwei Fahrten brachten die beiden Loks den Zug nun zurück zum Präbichl, dort wurden beide Halbzüge vereinigt und anschließend gemeinsam zurück nach Vordernberg gefahren.

Die 1929 beginnende Weltwirtschaftskrise wirkte sich auch am Erzberg aus. Das Frachtaufkommen sank binnen kurzem von 500.000 Tonnen auf nur noch 150.000 Tonnen pro Jahr. Ab 1935 allerdings stieg der Bedarf wieder an, nicht zuletzt, weil Deutschland nun Erz für die Rüstungsindustrie brauchte. 1937/38 wurde in Eisenerz eine neue Verladeeinrichtung gebaut, die vor allem der Nordrampe mehr Verkehr brachte. Kurz darauf entstand in Linz ein neues Stahlwerk, die »Hermann-Göring-Werke«. Der Verkehr dorthin kam 1941 in Schwung. 1943 betrug der Gesamtumschlag an Eisenerz fast 3.000.000 Tonnen, das Dreifache von 1936.

Auch während des Zweiten Weltkriegs blieb die Bahn durchgehend in Betrieb, erst nach Kriegs-

ende ruhte der Verkehr, kam aber bald wieder in Fahrt, wenn auch mit zunächst nur bescheidenem Frachtaufkommen. Nach und nach stabilisierte sich der Verkehr wieder und wurde in der altbekannten Form bis in die 1970er-Jahre weitergeführt, meist mit den erzbergtypischen zweiachsigen Wagen, ab 1954 auch mit von der Deutschen Reichsbahn gebauten Schüttgutwagen und mit ÖBB-Neubauten. Den Abschluss der Entwicklung bildeten die von SGP und Waggonbau Schweidnitz gefertigten Selbstentladewagen mit 66 m^3 Laderaum.
Zu Beginn der 1970er-Jahre zeichnete sich ab, dass das Wirtschaftswachstum langsamer werden und womöglich zum Stillstand kommen würde. Die ÖBB strebten daher an, den aufwändigen Betrieb am Erzberg spürbar zu rationalisieren. Das Ende der Dampftraktion rückte näher. Zunächst beschränkten sich die Maßnahmen auf Rückbauten in Glaslbremse und Schönauhalde, wo die Nebengleise abgebaut wurden. Die zahlreichen Zahnstangen-Ein- und Ausfahrten zwischen Vordernberg und Präbichl wurden entfernt und die Zahnstange durchgezogen, um den Unterhaltungsaufwand zu verringern. Am 20. Januar 1971 bezwang die Diesellok 2043.03 bei Probefahrten die Bergbahn erstmals im reinen Adhäsionsbetrieb, 1974 ging der Personenverkehr auf Schienenbusse ohne Zahnrad, dafür aber mit Zusatzbremsen, über. Ab Januar 1976 entfielen alle Güterzüge an den Wochenenden. Der übrig gebliebene Verkehr sollte nun auf Diesel-Adhäsions-Betrieb umgestellt werden. Durch einen Unfall verzögerte sich dieses Vorhaben bis 1978, doch dann ging es schnell: Am 7. März 1978 bewiesen Probefahrten mit den Maschinen 2043.55 und 57, dass es auch ohne Zahnrad ging. Einen Monat später, am 12. April 1978, zog 97.208 zum letzten Mal einen Dampfgüterzug über den Berg, am Tag danach übernahmen die Dieselloks 2043.55 bis 2043.58 die Züge, anfangs noch unterstützt von der 2085.01. Am Nikolaustag 1978 fuhr letztmals eine Zahnradlok über die Strecke. In den folgenden Jahren wurde die Zahnstange entfernt, sodass die Strecke heute Österreichs steilste Adhäsionsbahn ist.
Doch auch ohne Zahnrad blieb dem Güterverkehr nur noch eine Gnadenfrist. In Krumpenthal an der Nordrampe entstand eine moderne Erzverladeanlage, auf der seit 1986 das Erz auch für Donawitz verladen wird. Trotz des Umwegs ist die Abfuhr über Hieflau – Linz – Selzthal günstiger als der mühsame Weg über den Berg. Der letzte Güterzug über den Erzberg fuhr am 19. Januar 1988, er bestand aus einem gedeckten Wagen. Vier Monate später, am 28. Mai 1988, wurde die Erzbergbahn im Abschnitt Vordernberg Markt – Krumpenthal komplett eingestellt. Doch seit 1990 ist es immerhin im Sommer regelmäßig möglich, in den Schienenbussen des »Vereins Erzbergbahn« auf den Spuren der Dampfrösser über den Berg zu fahren. Die An- und Abreise zu den Ausgangsbahnhöfen Krumpenthal und Vordernberg Markt muss allerdings auf der Straße erfolgen, denn auf den Zulaufstrecken fährt seit Jahren kein Personenzug mehr.

Die Betriebsstellen der Erzbergbahn

km	Höhe (m)	Haltestelle
19,7	768	Vordernberg
18,1	846	Vordernberg Markt
14,7	1.042	Glaslbremse
12,0	1.204	Präbichl
		Präbichler Tunnel (591 m)
9,3	1.100	Feistawiese
		Platten-Tunnel (1.394 m)
6,8	1.070	Erzberg
		Kressenbergtunnel (154 m)
		Klammwaldtunnel (262 m)
1,5	722	Krumpenthal
		Schichtturmtunnel (132 m)
0,0	692	Eisenerz

Auf der Talfahrt von Präbichl nach Vordernberg waren vor allem die Bremsen gefordert – trotz Zahnradbetrieb gerieten im Lauf der Geschichte mehrfach Züge außer Kontrolle und rollten ungebremst zu Tal. 2085.01 und eine Lok der Reihe 97 nähern sich in gemächlichem Tempo dem Bahnhof Vordernberg Markt. Aufnahme: Johannes Glöckner

199 874-9

»Huckepack«

Rollschemelverkehr in Deutschland

Es ist noch gar nicht so lange her, dass die Eisenbahn auch abgelegene Ecken Deutschlands an die große weite Welt anschloss und dort, wo der Platz für ein normalspuriges Gleis nicht mehr ausreichte, ging die Fahrt häufig auf schmaler Spur weiter. Einige dieser Schmalspurbahnen blieben bis heute erhalten und erfreuen sich eines regen Zuspruchs – zumindest, soweit es den Reisezugverkehr betrifft. Allerdings werden auf den wenigsten Schmalspurbahnen heute noch planmäßig Güter befördert. Der Lkw vermag dies schneller und vor allem kostengünstiger, zumal der Gütertransport auf der Schmalspurbahn recht aufwändig war und ist.

In aller Regel entstanden die Schmalspurlinien dort, wo sich der Bau einer regelspurigen Verbindung nicht lohnte. Von der »Sparausführung« versprachen sich die Bahnverwaltungen niedrigere Investitionen, aber vor allem auch dauerhaft günstigere Betriebskosten. Doch je erfolgreicher die jeweilige Strecke wurde, desto aufwändiger und damit teuerer wurde ihr Betrieb, mussten doch alle Frachten umgeladen werden. Die Lösung dieses Dilemmas ist so einfach wie genial: Die Schmalspurbahn nimmt die Waggons der großen Schwester einfach »huckepack« und befördert die Güter ohne Umladen direkt zum Empfänger. Zwei einander ähnliche Systeme haben sich in Deutschland durchgesetzt, zum einen die Beförderung normalspuriger Wagen auf so genannten »Rollböcken«, zum anderen der Transport auf »Rollwagen«. Der Rollbocktransport war auf allen Schmalspurstrecken in Württemberg üblich, während man auf dem weit verzweigten Netz in Sachsen dem Rollwagen den Vorzug gab. Mit dem Niedergang des Güterverkehrs auf den Schmalspurstrecken verschwand auch diese besondere Transportform weitgehend aus dem Betriebsalltag, zumindest in Deutschland. In anderen Ländern, etwa in der Schweiz, ist der Güterverkehr mit aufgeschemelten Normalspurwagen bis heute täglich zu erleben.

Auf dem über 130 Kilometer langen meterspurigen Netz der Harzer Schmalspurbahnen gibt es noch heute Gütertransport, wenn auch längst nicht mehr in jenem Umfang wie zu DDR-Zeiten. In normalspurigen Selbstentladewagen wird vorzugsweise Schotter abgefahren. Am 22. September 1998 erreicht die 199 874 mit einem beladenen Rollwagenzug den Bahnhof Ilfeld auf der Fahrt Richtung Nordhausen. *Aufnahme: Uwe Miethe*

Nach der Eröffnung der ersten deutschen Eisenbahn im Jahr 1835 entwickelte sich das deutsche Eisenbahnnetz in geradezu atemberaubendem Tempo. Aus den bescheidenen sechs Kilometern zwischen Nürnberg und Fürth war schon 15 Jahre später ein Netz von fast 6.000 Kilometern geworden, das die wichtigen Wirtschaftszentren Deutschlands miteinander verband. 1870 fuhren auf rund 20.000 Kilometern Züge und 1914 erschlossen etwa 62.000 Kilometer Gleise nahezu alle Regionen Deutschlands. Der überwiegende Anteil dieser Strecken war in der von England übernommenen »Normalspur« von 1.435 mm erbaut. Die Entwicklung des Eisenbahnnetzes folgte zunächst den großen Handelsrouten und war darauf ausgerichtet, Wirtschaftszentren miteinander zu verbinden. Erst nachdem dieses Netz im Wesentlichen geknüpft war, wandten sich die Bahnbauer verstärkt der Erschließung der »Fläche« zu. Die Eisenbahn begann, »hinaus aufs Land« zu fahren. Doch während der Betrieb von Hauptlinien gerade in Zeiten, in denen es noch keine nennenswerte Konkurrenz durch den Straßenverkehr gab, eine hoch rentable Angelegheit waren, stand die Wirtschaftlichkeit der Nebenbahnen von Anfang an häufig in Frage. So war es nur konsequent, dass zur Erschließung des ländlichen Raums Bahntypen entwickelt wurden, die in Bau, Unterhaltung und Betrieb billiger sein sollten als die Hauptbahnen. Deshalb schlug in der zweiten Hälfte des 19. Jahrhunderts die Geburtstunde der Schmalspurbahn.

Die große Zeit der kleinen Bahnen

Aufgrund seiner Größe spielte das Königreich Preußen beim Bahnbau in Deutschland eine zentrale Rolle. Schon 1838 gab es in Preußen ein Eisenbahngesetz, das die Genehmigung für eine neue Eisenbahnlinie von der Einhaltung strikter Bau- und Sicherheitsauflagen abhängig machte. 1878 erließ die Regierung die »Bahnordnung für deutsche Eisenbahnen

Die schweren Kaolinzüge auf der Strecke Oschatz – Mügeln benötigten bei der Einfahrt nach Oschatz Unterstützung durch eine zweite Lok. Am 10. September 1990 kommt die 99 1568 ihrer Schwester 99 1586 zu Hilfe, anschließend geht es gemeinsam die Steigung hinauf.
Aufnahme: Claus-Jürgen Jacobson

Das Aufbocken normalspuriger Güterwagen war für die Eisenbahner nicht ungefährlich. Zum Anschließen der Bremsschläuche und Aufstellen der Gabeln, in denen die Achsen der Regelspurfahrzeuge ruhten, mussten sie unter die Regelspurfahrzeuge steigen. Dennoch war der Rollbockbetrieb eine bedeutende Rationalisierungsmaßnahme und sicherte vielen Schmalspurbahnen das Überleben. Am 16. Mai 1975 wurden in Warthausen (Oberschwaben) Wagen für die Fahrt nach Ochsenhausen aufgebockt.

Aufnahme: Herbert Stemmler

untergeordneter Bedeutung«. 1892 wurde sie durch die »Bahnordnung für die Nebeneisenbahnen Deutschlands« ersetzt. Erst mit diesen Gesetzen wurde der Bau von Neben-, Klein- und Anschlussbahnen mit vereinfachten Betriebsmitteln und -abläufen gesetzlich geregelt. In anderen deutschen Staaten erkannte man die Zeichen der Zeit früher, sodass beispielsweise in Sachsen bereits 1881 die erste staatliche Schmalspurbahn von Wilkau nach Kirchberg eröffnet wurde.

Nachdem die rechtlichen Voraussetzungen geschaffen waren, entstanden überall in Deutschland zahlreiche Schmalspurbahnen. Diese Entwicklung ging in ähnlichem Tempo voran wie zuvor der Bau der Hauptbahnen. Mit Beginn des Ersten Weltkriegs verfügte Preußen über 6.500 Kilometer schmalspuriger Eisenbahnen und selbst im viel kleineren Königreich Sachsen waren es noch 520 Kilometer. Die kleinen Bahnen hatten in der ersten Hälfte des 20. Jahrhunderts unbestritten ihre Blütezeit.

Oberstes Kriterium war es, schon beim Bau die Kosten für die Schmalspurbahn so gering wie möglich zu halten. Deshalb verzichtete man beispielsweise wenn möglich auf teure Kunstbauten wie Brücken oder Tunnel, vereinfachte Linienführung und Gleispläne und reduzierte die zulässigen Bogenhalbmesser auf die technisch mögliche Untergrenze, um die Trasse mit geringem Aufwand an das Gelände anpassen zu können. Auch die zulässigen Neigungen waren deutlich größer als bei den Hauptbahnen. Dank dieser Maßnahmen drangen die Schmal-

Ein Rollbock der Harzquerbahn (1.000 mm): In den Gabeln ruhten die Achsen der normalspurigen Güterwagen, auf dem Vierkantrahmen saßen die Räder auf.

Aufnahme: Marc Dahlbeck

spurgleise in Regionen vor, die sonst vermutlich bis heute ohne Anschluss an das Eisenbahnnetz wären. Als Beispiel seien hier nur die tief eingeschnittenen Täler des Erzgebirges in Sachsen genannt. Mit den kleinen Bahnen gelang es nicht nur, abgelegene Regionen zu erschließen, sondern auch wie erhofft, die Bau- und Betriebskosten spürbar zu senken. Nicht alle, aber sehr viele Schmalspurbahnen waren tatsächlich rentabel.

Mit den Schmalspurbahnen stand nun auch abseits der großen Magistralen eine zuverlässige Transportmöglichkeit zur Verfügung, die von der ansässigen Wirtschaft gern und in immer größerem Maße genutzt wurde. Doch diese an sich wünschenswerte Entwicklung zeigte schon bald die Grenzen der kleinen Bahnen. Dass die Schmalspurzüge wegen der einfachen, windungs- und steigungsreichen Streckenführung oft nur langsam unterwegs waren, war noch zu verschmerzen. Aber dass am Anschluss zur »großen« Eisenbahn alle Güter umgeladen werden mussten, wurde umso lästiger, je mehr Güter transportiert wurden. Der Aufwand für das Umladen begann, die durch die schmale Spur erzielten Einsparungen wieder aufzufressen.

Genial einfach: Der Rollschemel

Um die zeit- und kostenintensiven Umladevorgänge zu reduzieren, wurden 1884 in Sachsen versuchsweise so genannte »Umsetzkästen« gebaut. Diese Wagenkästen konnten mit Hebegerüsten von normal- auf schmalspurige Fahrgestelle umgesetzt werden, sodass das manuelle Umladen der Güter überflüssig wurde. Obwohl dieses Prinzip heute in Form des »Containers« rund um die Welt erfolgreich ist, setzte es sich damals nicht durch. Stattdessen wurde es durch ein genial einfaches System ersetzt: Die Schmalspurbahn nahm den gesamten regelspurigen Güterwagen »huckepack« und brachte ihn direkt zum Bestimmungsort. Möglich wurde dies durch die Erfindung des »Rollbocks« bzw. des »Rollwagens«.

Als Vater des Rollbocks gilt der deutsche Ingenieur Paul Langbein (1842 – 1908) und er bekam für diese Erfindung einen Preis des Vereins deutscher Eisenbahnverwaltungen. Bereits 1885 erhielt die Königlich Sächsische Staatsbahn ihre ersten Rollböcke und im Lauf der Jahre entstanden zahlreiche verschiedene Bauformen, doch das Prinzip blieb im Wesentlichen erhalten. Äußerlich ähnelt der Rollbock mit seinem kurzen Achsstand einem Drehgestell. Auf dem tragenden Rahmen befindet sich eine nach oben offene Gabel, in die die Achse des regelspurigen Güterwagens eingesetzt wird. Für jede Achse ist ein Rollbock erforderlich. Um die Regelspurwagen auf die Böcke aufzusetzen, bedarf es einer Rollbockgrube. Dabei führt das Schmalspurgleis zwischen die höher liegenden Normalspurschienen, die dort mit leichtem Gefälle nach unten verlaufen, sodass sich beim Verschieben der Normalspurwagen deren Achsen langsam in die Gabeln der darunter bereitgestellten Rollböcke senken.

Nur wenige Jahre nach Langbeins bahnbrechender Erfindung begann in Sachsen das Zeitalter des komfortableren Rollwagen-Verkehrs. Die »Aktiengesellschaft für Fabrikation von Eisenbahnmaterial Görlitz« entwickelte und baute ab 1901 diese extrem niedrigen Schmalspurfahrzeuge. Beim Rollwagen liegt ein bis zu acht

Meter langes Stück Normalspurgleis auf zwei- oder dreiachsigen Schmalspurdrehgestellen. Der Normalspurwagen wird einfach auf den Rollwagen geschoben und arretiert, dann kann die Reise weitergehen.
Letzten Endes haben sich in Deutschland beide Systeme durchgesetzt. Verglichen mit den Rollwagen waren Rollböcke zwar deutlich günstiger und leichter, aber der Umsetzvorgang auf Rollwagen war komfortabler und für die Rangierer weniger gefährlich, da sie nicht unter die Wagen klettern mussten. Zudem war das Fahrverhalten der Rollwagen besser als das der Böcke. Während sich in Sachsen der Rollwagen durchsetzte, wurde in Württemberg dem Rollbock der Vorzug gegeben. Auf der Harzquerbahn kamen beide Varianten zum Einsatz. Hier wurden die innerörtlichen Anschließer in Wernigerode mit Rollbockzügen bedient, während das durchgehende Güteraufkommen auf Rollwagen transportiert wurde.

Notwendiges Übel: Streckenertüchtigung

Der Rollschemelbetrieb bescherte den Schmalspurbahnen eine erhebliche Betriebserleichterung. Zum einen entfiel das Umladen, zum anderen benötigte die Schmalspurbahn nun weniger eigene Güterwagen. Allerdings brachte der Rollschemelbetrieb auch eine ganze Reihe betrieblicher Besonderheiten mit sich, die einen Teil der eingesparten Mittel wieder verbrauchten.
Die allererste Voraussetzung für den Betrieb mit aufgeschemelten Wagen war natürlich, dass die Wagen von der »großen« Eisenbahn auf die »kleine Schwester« passten. Die Schmalspurbahnen waren ja geplant worden, um Kosten zu sparen, also hatte man beim Bau in der Regel auch am Lichtraumprofil gespart. Der freie Raum über und neben den Gleisen, der erforderlich ist, damit der Zug alle Bauwerke ungehindert passieren kann, ist natürlich so klein wie

Am 14. September 1985 endete der Betrieb auf der gut 20 Kilometer langen Strecke von Amstetten nach Laichingen in Württemberg. Auf der meterspurigen Strecke wurden bis zum Schluss aufgebockte Stückgutwagen befördert. Da die Schmalspurfahrzeuge entsprechend angepasste Kuppelvorrichtungen besaßen, war der Einsatz von Zwischenwagen nicht nötig. Wenige Tage vor der Stilllegung ist im August 1985 eine gemischte Garnitur bei Oppingen auf dem Weg nach Amstetten.
Aufnahme: Claus-Jürgen Jacobson

möglich. Für den Rollschemelverkehr braucht man jedoch ein Profil, das sogar noch größer ist als das der Regelspur. Die Waggons sind ja aufgebockt und damit höher. Dort, wo die Schmalspurbahnstrecke in freier Landschaft trassiert war, bedeutete es kein Problem, das Profil zu erweitern. Schwieriger wurde es in den Abschnitten, in denen die Gleise direkt neben oder gar auf einer Straße verlaufen. Und richtig teuer konnte die Profilerweiterung werden, wenn die Strecke durch unwegsames Gelände, Einschnitte oder gar Tunnel führte. So verlief die 1882/83 eröffnete Strecke Hainsberg – Kipsdorf im östlichen Erzgebirge bis 1904 durch einen Tunnel, der für die aufgebockten Güterwagen abgetragen werden musste.

Selbst wenn eine Profilerweiterung mit akzeptablem Aufwand durchgeführt werden konnte, war damit noch nicht unbedingt Rollschemelbetrieb möglich. Oft war auch die Tragfähigkeit der schmalen Gleise den neuen Belastungen nicht gewachsen. Die voll beladenen Normalspurgüterwagen brachten je nach Ladegut ein beträchtliches Gewicht auf den einfachen Fahrweg. In solchen Fällen musste vor dem Beginn des Rollwagenbetriebs der Oberbau, also Schotterbett, Schwellen und Schienen, den neuen Achsfahrmassen angepasst werden. Diese unerlässlichen Ertüchtigungsarbeiten an der Infrastruktur fraßen u. U. einen ordentlichen Teil der Einsparungen auf. Denn gerade der Verzicht auf die hohen Standards der Regelspur-

Die »Hohenlimburger Kleinbahn« war eine reine Güterbahn. Die nur knapp vier Kilometer lange Strecke diente ausschließlich der Anbindung zahlreicher Industriebetriebe im Nahmertal an die DB-Strecke im Bahnhof Hohenlimburg bei Hagen. Die Bedienung erfolgte mit Rollwagen. Die Aufnahme zeigt den Umsetzbahnhof Hohenlimburg im August 1963.

Aufnahme: Reinhard Todt

Zum Kuppeln der Rollwagen mit der Lokomotive benötigten die Eisenbahner Kuppelstangen, die von Hand eingehängt und verankert wurden. Je nach Überhang der verladenen Wagen mussten die Stangen unterschiedlich lang sein. Dadurch blieb der Rollwagenbetrieb trotz der spürbaren Erleichterung sehr personalintensiv wie dieses Bild von der Hohenlimburger Kleinbahn beweist.

Aufnahme: Stephan Baumeister

bahnen war ja beim Bau einer der wesentlichen Gründe für die schmale Spur gewesen.
Die notwendigen Anpassungsmaßnahmen in den Bahnhöfen fielen dagegen weitaus weniger ins Gewicht. Dazu gehörte der Bau der Rollwagengrube oder das Anlegen zusätzlicher Rangiergleise. Auch der Aufwand für die Änderungen an Laderampen und dergleichen hielten sich im Rahmen.

Arbeitsintensiv: Der Betrieb

Auch wenn mit dem Aufschemeln der normalspurigen Wagen vieles einfacher wurde, blieb den Eisenbahnern bei der Schmalspurbahn genügend Arbeit mit den Güterzügen. Der Umladevorgang, egal ob auf Rollböcke oder Rollwagen, war immer noch recht arbeitsintensiv. Die Schmalspurlok stellte die erforderliche Anzahl von Rollwagen an der Rampe bereit und schob sie soweit zusammen, dass sie durchgehend befahren werden konnten. Von der anderen Seite wurden nun die Regelspurwaggons auf die Rollwagen geschoben und mit feststellbaren Radvorlegern arretiert. Waren alle Wagen verladen, zog die Schmalspurlok den vordersten Rollwagen soweit nach vorn, dass zwischen den ersten beiden Rollwagen die Kuppelstange eingehängt werden konnte. Dies wiederholte sich, bis alle Rollwagen gekuppelt waren.Das Verladen von Wagen auf Rollböcke war deutlich aufwändiger. Die Rangierer mussten dafür sorgen, dass die Rollböcke genau unter den Achsen der

Güterwagen standen und die Achsgabeln nach oben klappen. Sie mussten dafür unter den Wagen kriechen. Zum Ausgleich blieb ihnen meist das Kuppeln erspart, weil die Rollbockzüge mit den Schraubenkupplungen der Güterwagen verbunden wurden. Zum Ankuppeln der Zuglokomotive wurden oft Schmalspur-Zwischenwagen mit höher angebrachten Regelspurkupplungen eingesetzt. Manche Bahnen verzichteten darauf und hatten stattdessen die Regelspurkupplung an den Triebfahrzeugen, wie etwa die Triebwagen der Strecke Amstetten – Laichingen in Württemberg.

War die gesamte Fuhre verladen, oblag es den Rangierern, sich um das nötige Bremsvermögen des Zuges zu kümmern. Je nach Betriebs- und Bremsart war auch dies ein äußerst aufwändiges Unterfangen. Relativ einfach war es bei luftgebremsten Rollwagen. Hier genügte es, die Bremsschläuche der einzelnen Wagen miteinander zu verbinden. Aufwändiger wurde es bei der »Heberleinbremse«, die vor allem in Sachsen bis weit ins 20. Jahrhundert verwendet wurde. Die mechanische Seilzugbremse benötigt ein Bremsseil, das durch den ganzen Zug geführt werden musste. Bei den Rollbockzügen mussten, sofern die Böcke gebremst waren, zu jedem

Württembergische Schmalspurromantik: Am 30. April 1966 wartet dieser malerische Güterzug in Altensteig auf die Abfahrt nach Nagold. Die Strecke Nagold – Altensteig war Württembergs einzige staatliche Schmalspurbahn mit 1000 mm-Spurweite.

Aufnahme: Jürgen Krantz

Diese Aufnahme beweist, dass auch Rollbockzüge mit Kuppelstangen, also ohne Zwischenwagen, bewegt werden konnten. Die 99 633 war die letzte Mallet-Gelenklokomotive der DB und verdingte sich zum Schluss auf den Schmalspurbahnen Schussenried – Buchau und Warthausen – Ochsenhausen. Die Aufnahme zeigt die Maschine beim Rangierdienst in Buchau am Federsee am 2. Mai 1964.

Aufnahme: Herbert Stemmler

einzelnen Rollbock Luftschläuche verlegt und angeschlossen werden. Waren die Böcke ungebremst, liefen in den Zug eingestellte gebremste Güterwagen mit, was natürlich den Rangieraufwand beim Zusammenstellen der Züge erhöhte.

Rollbock- und Rollwagenzüge unterliegen im Fahrbetrieb besonderen Bedingungen. Durch das Aufschemeln der Waggons wird deren Schwerpunkt spürbar nach oben verlagert. In Verbindung mit den schmalen Rollschemeln wird die ganze Fuhre zu einer unter widrigen Umständen (enge Gleisradien, schlechte Gleislage) recht instabilen Angelegenheit, weshalb die zulässige Höchstgeschwindigkeit der Züge mit meist 20 bis 30 km/h recht bescheiden ist. Allerdings wurden auf vielen Schmalspurbahnen ohnehin keine höheren Geschwindigkeiten gefahren, deshalb fiel dies meist nicht weiter ins Gewicht. Dass die Sorge nicht unbegründet war, zeigte sich immer wieder, wenn in engen Kurven ein Teil des Zuges umkippte. Um dieses Risiko möglichst gering zu halten, galt für die Zugbildung die Regel, dass die schwersten Wagen am Anfang des Zuges eingereiht werden mussten. Führte der Zug zusätzlich auch Schmalspurwagen mit, so wurden sie am Schluss angehängt. Weitere Vorschriften regelten etwa die zulässige Füllhöhe von aufgeschemelten Kesselwagen und zahlreiche weitere Beladungsvorgaben. Ursprünglich wurden auf beiden Rollfahrzeugbauarten ausschließlich zweiachsige Regelspurwagen transportiert. Mittlerweile jedoch können dort, wo diese Transporte überhaupt noch durchgeführt werden, auch vierachsige Drehgestellwagen aufgeschemelt werden.

Am Ziel bleiben die Wagen zum Be- oder Entladen oft auf ihren Untersätzen. In dieser Zeit standen die Rollfahrzeuge natürlich nicht für weitere Fahrten zur Verfügung. Deshalb besaßen zahlreiche Anschließer der Schmalspurlinien auf ihrem Gelände ein Stück normalspuriges Gleis einschließlich Rollbock- oder Rollwagenrampe. Dort wurden die Wagen nach ihrer Ankunft umgesetzt, sodass die Rollfahrzeuge gleich wieder verwendet werden konnten. Den Verschub der

Wagen besorgte hierbei oft die schmalspurige Zuglok, indem sie etwa mit Hilfe eines Seils den Wagen von der Grube auf das Normalspurgleis zog. Ansonsten half eine Zugmaschine oder einfach Handarbeit.
Rollbock- wie auch Rollwagenverkehr gibt es in Deutschland erst ab Spurweiten von 750 mm und mehr, weil beispielsweise auf der ebenfalls gebräuchlichen Spurweite von 600 mm die erforderliche Stabilität nicht mehr gegeben ist.

Eine lebensverlängernde Maßnahme

Für viele Schmalspurbahnen war der Rollfahrzeugbetrieb nicht nur ein notwendiges Übel sondern geradezu ein Jungbrunnen. Manche Strecken blühten erst durch den regelspurigen Güterverkehr richtig auf. Dennoch konnte auch der Rollfahrzeugbetrieb keine sichere Zukunft garantieren. An den grundsätzlichen Defiziten der Schmalspurbahnen vermochte auch der rationellere Betrieb nicht viel zu ändern. Mit dem Ausbau der Lkw-Flotte und der dazugehörigen Straßen gerieten die kleinen Bahnen ins Hintertreffen. Sie waren einfach zu langsam und der Betrieb noch immer zu personalintensiv. So verschwanden die meisten Strecken zwischen 1950 und 1980, nachdem auch der Personenverkehr immer mehr zum flexibleren und billigeren Omnibus abgewandert war. Insofern konnten die unscheinbaren, aber wirkungsvollen Untersätze das Leben mancher Schmalspurbahn zwar verlängern, jedoch nicht dauerhaft erhalten.
In der alten Bundesrepublik blieben am Ende drei Schmalspurbahnen übrig, die noch planmäßig Güterverkehr mit aufgeschemelten Normalspurwagen betrieben. Alle drei lagen in Baden-Württemberg. Die knapp 40 Kilometer lange Jagsttalbahn von Möckmühl nach Dörzbach hatte auf ihrer 750-mm-Strecke vor allem in der Zuckerrübensaison Güterzüge von beachtlicher Länge zu bieten. Aufgrund von Mängeln am Oberbau musste die Südwestdeutsche Eisenbahngesellschaft (SWEG) den kompletten Betrieb jedoch 1988 Knall auf Fall einstellen. Seither ruht der Verkehr auf der reizvollen Strecke, obwohl sich engagierte Eisenbahnfreunde seit Jahren hartnäckig darum bemühen, auf einer Teilstrecke eine Museumsbahn zu eröffnen.
Drei Jahre zuvor hatte die ebenfalls private Strecke auf der Schwäbischen Alb von Amstetten nach Laichingen ein ähnliches Schicksal erlitten. Auf der gut 20 Kilometer langen Linie mit 1.000 mm Spurweite zogen die Triebwagen der Württembergischen Eisenbahngesellschaft bis Herbst 1985 aufgebockte Güterwagen. Als die staatliche Mineralölbeihilfe entfiel, wurde der Betrieb unrentabel, sodass dort am 14. September 1985 der letzte Güterzug fuhr. Mehr als die Hälfte der Strecke wurde anschließend abgebaut. Übrig blieb nur ein rund sechs Kilometer langes Teilstück, auf dem mittlerweile Museumszüge fahren.
Als letzte staatliche Schmalspurbahn mit Rollbockverkehr wurde die 750 mm-Strecke Warthausen – Ochsenhausen in Oberschwaben für den Güterverkehr genutzt. Sie verdankte ihr Überleben einer Kühlschrankfabrik, die bis heute für ein gleichbleibend hohes Frachtaufkommen auf der Schiene sorgt. Noch immer transportiert die Firma ihre Produkte mit der Bahn. Allerdings erreichen die Güterwagen Ochsenhausen seit 1983 nicht mehr auf den Rollböcken des »Öchsle«, sondern auf Straßentiefladern. Die knapp 20 Kilometer lange Schmalspurbahn wurde nämlich am 31. März 1983 von der DB aufgegeben. Immerhin blieb die Bahn erhalten und erfreut sich als Museumsbahn heute großer Beliebtheit.Nicht ganz so dramatisch verlief die Entwicklung in der DDR. Aufgrund staatlicher Direktiven hatte der Schienengüterverkehr hier einen ganz anderen Stellenwert. Zwar war die Zahl der noch vorhandenen Schmalspurbahnen auch hier in den 1980er-Jahren auf eine übersichtliche Zahl geschrumpft, aber auf vielen Strecken wurden noch erhebliche Mengen an Gütern transportiert. Für Eisenbahnfreunde nicht uninteressant: Zum Einsatz auf diesen Strecken kamen überwiegend Dampflokomotiven. Die 750-mm-Strecke Oschatz – Kemmlitz diente ausschließlich dem Gütertransport. Täglich transportierten hier vier Züge Kaolin aus den Gruben bei

Am 17. September 1990 zieht die 99 1783 auf der Weißeritztalbahn Freital-Hainsberg – Kipsdorf einen kurzen Zug durch den Rabenauer Grund. Das Hochwasser im Jahr 2002 zerstörte diesen Abschnitt, seither ruht der Betrieb. Aufnahme: Marc Dahlbeck

Die Harzer Schmalspurbahnen sind heute das letzte Unternehmen in Deutschland, bei dem noch Normalspurwagen auf Rollböcke verladen werden. Mit den modernen Gestellen der Bauart »Vevey« können auch vierachsige Güterwagen aufgebockt werden. Die Aufnahme zeigt zwei moderne DB-Selbstentladewagen auf den in gewöhnungsbedürftigem Pink lackierten HSB-Rollböcken im Bahnhof Eisfelder Talmühle. *Aufnahme: Christof Schröfl*

Kemmlitz zum Normalspuranschluss in Oschatz. Im Erzgebirge gab es Rollwagenverkehr auf den Strecken Cranzahl – Oberwiesenthal, Wolkenstein – Jöhstadt, Freital-Hainsberg – Kurort Kipsdorf sowie auf zwei Reststücken ehemaliger Schmalspurstrecken in Schönfeld-Wiesa und Willischthal. Die Strecke Wolkenstein – Jöhstadt wurde schon 1984 eingestellt und anschließend abgebaut. Ein Teilstück ist mittlerweile als Museumsbahn wieder in Betrieb. Vor den Toren Dresdens fuhren Rollwagenzüge von Radebeul Ost nach Radeburg, in Zittau versorgte die Schmalspurbahn zahlreiche Anschlüsse entlang der Linie Zittau – Oybin/Jonsdorf. Während alle diese Strecken eine Spurweite von 750 mm aufwiesen, betrieb die damalige Reichsbahndirektion Halle Schmalspurgüterverkehr auf Meterspur, zum einen auf der kurzen »Industriebahn Halle«, zum anderen aber auf einem ausgedehnten Netz im Harz. Und während alle zuvor genannten Strecken spätestens nach der Wiedervereinigung den Güterverkehr einstellten oder ganz verschwunden sind, ist das Netz im Harz ein Paradebeispiel dafür, dass es auch anders geht.

Die Größte unter den Kleinen

Die Harzer Schmalspurbahnen (HSB) betreiben heute das größte Schmalspurnetz Deutschlands. Abgesehen von Insel- und Museumsbahnen ist der Schmalspurbetrieb im Harz der letzte, der noch regulären Güterverkehr hat. Zwar ist die Tonnage nach der Wiedervereinigung auch hier fast bis auf Null gesunken, doch im Jahr 2006 betrug das Frachtaufkommen immerhin wieder rund 100.000 Tonnen. Das etwa 150 Kilometer lange Netz reicht von Wernigerode im Norden bis Nordhausen im Süden und Quedlinburg im Osten. Noch unter Regie der Deutschen Reichsbahn entstand 1984 der nach dem Krieg abgebaute Abschnitt Straßberg – Stiege im Selketal neu, um ein Heizkraftwerk in Silberhütte per Bahn mit Kohle versorgen zu können. Eine Zufuhr von Gernrode war allerdings unmöglich, da im unteren Abschnitt

der Selketalbahn wegen enger Radien und Einschnitte keine aufgeschemelten Güterwagen fahren durften.
Um für die schweren Kohlezüge von Nordhausen her den Fahrtrichtungswechsel in Stiege zu ersparen, baute die Reichsbahn dort eine Wendeschleife, in der die Züge wie eine Straßenbahn eine »Ehrenrunde« drehen und danach ohne Umsetzen der Lok weiter zum Ziel fahren konnten. Während dieser wie auch der restliche Güterverkehr auf der Strecke im Rollwagenbetrieb erfolgte, der sich für die gebirgigen Strecken als geeigneter erwies, erfolgte die Bedienung der zahlreichen Anschlüsse in den flachen Abschnitten in Nordhausen und Wernigerode mit Rollbockzügen. Von all diesen Zügen ist nach der Wiedervereinigung nichts geblieben. Doch an der Strecke von Eisfelder Talmühle nach Stiege produzieren die »Hartsteinwerke Unterberg« Gleisschotter. Für den Abtransport dieses Schotters nach Nordhausen setzt die HSB auch heute noch Güterzüge mit aufgebockten Wagen ein. Eigens für diesen Verkehr haben die HSB in der Schweiz moderne Rollböcke des Systems »Vevey« erworben. Bei ihnen ruhen die Regelspurwagen nicht mehr in Achsgabeln, sondern mit den Rädern in speziellen Haltemulden. Mit den luftgebremsten Rollböcken ist auch der Transport von Vierachsern möglich. Das Umsetzen der Wagen auf der neuen Anlage in Nordhausen erfolgt weitgehend automatisch, der Lokrangierführer beobachtet den Vorgang und steuert seine Lok von außen per Funk. Gezogen werden die Züge von Dieselloks der Reihe 199.8, die hydraulisch wegklappbare Regelpuffer besitzen, sodass Zwischenwagen überflüssig sind. Für den eigenen Arbeitszugeinsatz verfügen die HSB außerdem über einen aufgeschemelten Schotterzug aus vier zweiachsigen Selbstentladewagen, die auf den althergebrachten Rollwagen stehen.

Für den eigenen Gebrauch benutzen die HSB noch immer einen Schotterzug, der aus vier normalspurigen Fc-Wagen besteht, die auf Rollwagen aufgeschemelt sind. Da die Rollwagengruben der HSB mittlerweile gar nicht mehr benutzbar sind, werden die Wagen ihre Untersätze vermutlich nicht mehr verlassen. Die komplette Garnitur präsentiert sich an einem sonnigen Herbsttag im Bahnhof Eisfelder Talmühle dem Fotografen und zeigt, wie es auf den Schmalspurbahnen früher ausgesehen hat.
Aufnahme: Christof Schröfl

118

»Strecke des Irrsinns«

Von Mombasa zum Viktoriasee

Sie gehört zu den ältesten Eisenbahnstrecken Afrikas: Auf knapp 940 Kilometern Länge windet sich seit 1901 die »Ost-Afrika-Linie« oder »Ugandabahn« vom Hafen Mombasa am Indischen Ozean durch Kenias Berge bis zum Viktoriasee. Mehr als 2.500 Meter Höhenunterschied haben die Züge zu bewältigen, die Bahn durchquert den Tsavo-Nationalpark und den Großen Afrikanischen Graben. Erbaut wurde die Strecke von der British East Africa Company. Winston Churchill bezeichnete die Bahn einst als die romantischste Eisenbahn der Welt, doch zur Zeit ihrer Erbauung erhielt sie von realistischeren Zeitgenossen den Beinamen »lunatic line« – die Strecke des Irrsinns. Der Grund für diesen wenig schmeichelhaften Namen lag auf der Hand: Gar zu aberwitzig erschien das Vorhaben, eine Eisenbahn quer durch die afrikanische Wildnis zu bauen. Und die Umstände während der Bauarbeiten schienen den Skeptikern Recht zu geben. Krankheiten und Seuchen forderten hunderte von Menschenleben unter den Bahnarbeitern, kriegerische Überfälle durch angrenzende Stämme bildeten eine latente Bedrohung und der Kampf gegen die »man eater« – die Löwen – lieferte Stoff für mehrere Kinofilme.Doch allen Widrigkeiten zum Trotz rollte 1901 der erste Zug vom Meer an Afrikas größten See. Rund 5 Mio. Pfund hatte Großbritannien für die 1.000-mm-Strecke in seinen afrikanischen Kolonien zu bezahlen. Doch die Verminderung der Transportkosten um sagenhafte 97 % ließ die Investition mehr als gerechtfertigt erscheinen. Neben der Erleichterung des Güterverkehrs hatte die Bahn eine besondere politische Bedeutung, weil sie eine bequeme Transportmöglichkeit für die Kolonialtruppen bot. Auch nach der Unabhängigkeit war die in der Kolonialzeit entstandene Linie für Kenia unersetzlich: Mehr als 30 Mio. Menschen nutzten in den ersten zehn Jahren die ehemals englische Eisenbahn in Ostafrika. Sie fährt bis heute und transportiert Güter aller Art auf schmaler Spur durch die Wildnis.

Das Queren des »Großen Afrikanischen Grabens« (Rift Valley) war eine der größten Herausforderungen beim Bau der Eisenbahn in Ostafrika. Am 1. Juli 1992 windet sich ein gemischter Güterzug die engen Kehren hinab. *Aufnahme: Armin Schmutz*

Noch vor weniger als 150 Jahren war das Reisen in Ostafrika nur etwas für Hartgesottene. Es gab weder Straßen noch Eisenbahnen, die einzigen Fahrwege ins Landesinnere führten an den Flüssen entlang. Die abzweigenden Karawanenwege bestanden meist aus Trampelpfaden, die durch Steppen und dichten Urwald führten. Selbst die großen Flüsse sind bis heute wegen der Stromschnellen nicht durchgehend schiffbar.

Ab 1888 kamen das heutige Kenia und Teile Ugandas unter die Verwaltung der Imperial British East Africa Company (IBEA), seit 1895 war Britisch-Ostafrika Protektorat. Im Jahr 1902 wurde das fruchtbare Bergland Kenias zur Besiedlung durch Weiße freigegeben, 1920 wurde Kenia offiziell Kronkolonie.

Schon früh entstanden in Kenia Handelswege, auf denen Elfenbein, Hörner und Tierhäute an die Küste gebracht wurden. Weder für den Handel, noch für die Besiedlung des Landes durch Weiße genügten die vorhandenen Verkehrswege. Auch das Militär hatte aus kolonialpolitischen Gründen Interesse an einer schnellen und leistungsfähigen Verbindung von der Küste zum Viktoriasee und an den Oberlauf des Nils. Eine Eisenbahn musste her.

Die »Uganda-Bahn«

Die kürzeste Karawanenstraße vom Indischen Ozean zum Viktoriasee führte auf ziemlich geradem Wege von Mombasa durch das Gebiet der Massai, querte das »Rift Valley« und erreichte den See an seinen nordöstlichen Ausläufern. Allerdings galt die Route wegen der kriegerischen Massai als außerordentlich gefährlich. Gleichwohl plante die IBEA, entlang

Nairobi ist nicht nur Verwaltungssitz, sondern auch betrieblicher Mittelpunkt der »Kenia Railway«. Im November 1991 verlässt ein gemischter Güterzug den Bahnhof der Drei-Millionen-Metropole. *Aufnahme: Armin Schmutz*

dieser Karawanenstraße eine neue Eisenbahn zu errichten. Ziel war Buganda, ein Königreich in Uganda. 1891 begann die Central Africa Railway bei Mombasa mit dem Bau der Linie. Gerade einmal 11,2 Kilometer kamen die Bahnbauer dem Viktoriasee näher, ehe der Bau zum Erliegen kam. Die Gleise dieser erfolglosen Bahn mit einer Spurweite von 620 mm fanden später für eine Straßenbahnlinie in Mombasa Verwendung.
Ende 1891 kam der britische Militäringenieur J. R. L. Macdonald nach Mombasa. Mehr als ein Jahr waren er und eine Mannschaft von fast 400 Mann mit der Erkundung und Vermessung des Terrains für die neue Bahn beschäftigt. Macdonald kam schnell zur Erkenntnis, dass der Einsatz von Maschinen schon daran scheitern würde, dass sie über das unwegsame Gelände nicht zur Baustelle transportiert werden konnten. Deshalb waren aufwändige Kunstbauten von vornherein ausgeschlossen. Große Viadukte, Tunnel, tiefe Einschnitte oder hohe Dämme mussten vermieden werden. Die schwierige Topographie der Strecke erleichterte das Vorhaben auch nicht gerade: Von Mombasa (Meereshöhe) ging es bis zum Scheitelpunkt auf 2.839 m ü. NN, während das Ufer des Viktoriasees auf 1.134 m ü. NN liegt. Schließlich galt es, einen Weg hinab ins Rift Valley und auf der anderen Seite wieder hinauf zu finden. 1893 unterbreitete Macdonald der britischen Regierung die Ergebnisse seiner Untersuchungen.
Unter Leitung des Ingenieurs George Whitehouse begannen am 30. Mai 1896 erneut die Bauarbeiten an der Bahn. Für den Streckenbau rekrutierte Whitehouse vor allem Arbeiter aus Britisch-Indien, die unter erbärmlichen Bedingungen das Gleis ins Landesinnere verlegten. Das Baumaterial wurde per Schiff nach Mombasa geliefert. Die Zahlen verdeutlichen die »irrsinnige« Dimension des Projekts: Für die rund 950 Kilometer zum Viktoria-See war ein Bedarf von 200.000 Schienen à 10 Meter Länge errechnet worden, jede mit einem Gewicht von 22,6 kg/m. Rund 1,2 Mio. Schwellen wurden bestellt, die meisten davon aus Stahl, weil Holzschwellen zu anfällig gegen Termitenfraß waren.
Kurz nach Beginn der Bauarbeiten stand Whitehouse Problemen gegenüber, die europäischen Bahnbauern völlig fremd waren.

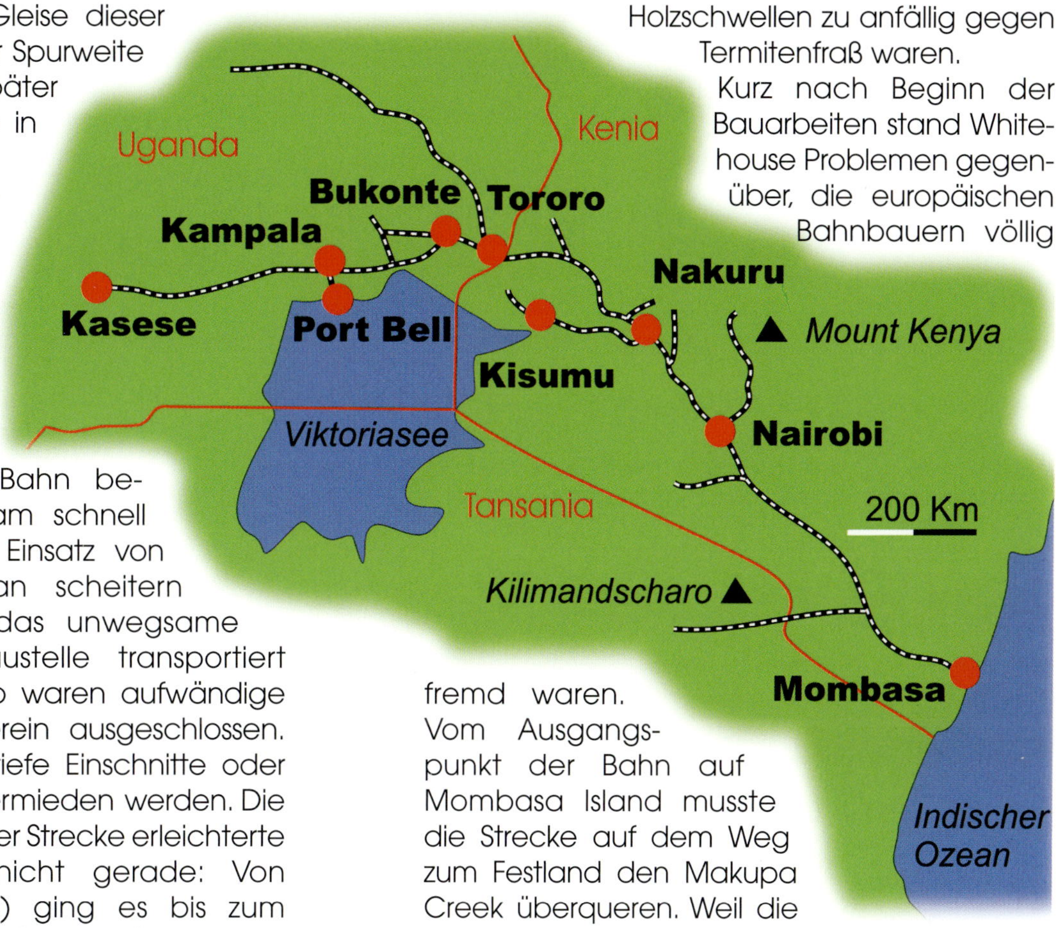

Vom Ausgangspunkt der Bahn auf Mombasa Island musste die Strecke auf dem Weg zum Festland den Makupa Creek überqueren. Weil die Lieferung der Stahlbrücke aus England monatelang dauerte, entschied Whitehouse, einstweilen eine Konstruktion aus einheimischen Hölzern zu bauen. Im Matupa Creek leben aber Bohrkäfer, die Geschmack an diesen Hölzern haben und sie binnen kürzester Zeit zerfressen hätten. Glücklicherweise fand man dies gerade noch rechtzeitig heraus, doch verzögerte dies den Bau der Brücke enorm, weil statt der einheimischen nun europäische Hölzer verwendet werden mussten. Gleichwohl blieben die Bautrupps nicht untätig, sondern bauten solange im Landesinneren weiter.
Je weiter die Bahn dorthin vorstieß, desto unerträglicher wurden die Zustände in den Bau-

Auch die Güterzüge der Kenianischen Eisenbahn werden, anders als in Deutschland, von Personal begleitet. Der Nachschuss vom Februar 1992 zeigt den Begleitwagen eines Güterzuges in Nairobi. *Aufnahme: Armin Schmutz*

lagern. Weil das Trinkwasser knapp wurde, tranken die Arbeiter Brackwasser aus Erdlöchern und erkrankten an tropischen Krankheiten, die viele von ihnen das Leben kostete. 1898 erreichten die Bautrupps den Tsavo und wurden auf drastische Weise daran erinnert, dass sie sich mitten in Afrika befanden. Die Löwen, die die Bautrupps angriffen und Bahnarbeiter töteten, hielten als »man-eaters of tsavo« Einzug in die Literatur- und Filmgeschichte. Erst im Dezember 1898 gelang es, die Menschenfresser vom Tsavo zu erlegen. Am 30. Mai 1899 erreichte die Strecke nach vielen weiteren Schwierigkeiten Nairobi, doch die größte technische Herausforderung lag noch vor den Bautrupps: die Querung des »Rift Valley«. Mehr als 500 Meter tief schneidet sich der große afrikanische Graben durch das Gebiet zwischen Nairobi und dem Viktoriasee. Den Bautrupps gelang es nur unter größten Mühen, die Bahnlinie am Steilhang in das Tal hinabzuführen. Mit Hilfe von Schrägaufzügen kam das Baumaterial den Steilhang hinab. Auf der Westseite des Rift Valley musste die Bahn wieder auf eine Höhe von 2.652 m ü. NN klettern, ehe die Gleise auf den letzten160 Kilometern beständig abwärts zum Viktoriasee führten.

Am 20. Dezember 1901 drehte Florence Preston, die Ehefrau des 1897 zur Uganda-Bahn gekommenen Eisenbahnbauers Ronald Preston,

»Very british« – nicht nur die Signale lassen die britischen Ursprünge der Kenianischen Eisenbahn bis heute erkennen. Im Februar 1992 verlässt dieser Kesselwagenzug nach einer Zugkreuzung einen Unterwegsbahnhof. *Aufnahme: Armin Schmutz*

die letzte Schraube ein und vollendete damit die Strecke. Nach einer Bauzeit von fünf Jahren und vier Monaten hatte die Meterspurlinie den Viktoriasee erreicht. Der neu gebaute Hafen erhielt zu Ehren der Dame den Namen Port Florence, heute heißt der Ort Kisumu.

Motor der Kolonialisierung

Mit der Ankunft in Port Florence war zwar ein großes Ziel erreicht, doch die Bahn zeigte zunächst nur wenig Wirkung. Allerdings war der Bahnhof am See auch nur eine Zwischenstation, per Schiff sollten die Wagen in Richtung Kampala weiterreisen. Auf die neue Bahn warteten zunächst nur wenig Güter, die von der Strecke berührten Regionen waren zum größten Teil wirtschaftliches Niemandsland.

Der Bahnbau selbst sorgte allerdings binnen weniger Jahre dafür, dass zahlreiche Europäer den Weg ins Innere Ostafrikas fanden. Entlang der Linie entstanden aus Bahnsiedlungen neue Städte, darunter Eldoret, Jinja, Kisumu, Kitale, Nakuru, Port Bell und nicht zuletzt Nairobi. Die heutige Dreimillionen-Metropole und Hauptstadt Kenias ging aus einem Depot der neuen Eisenbahn hervor. Ein Jahr nachdem die Bahn eröffnet wurde, gab die britische Regierung das Bergland in Kenia zur Besiedelung durch Weiße frei. Die Eisenbahn war nun ein gefragtes

Transportmittel, das die Siedler schnell und zuverlässig in ihr neues Zuhause brachte. Aus Sicht der Kolonialmacht trug die rund 5 Mio. britische Pfund teure Investition erste Früchte. Mit der Kolonialisierung stieg auch das Güteraufkommen, denn die eingewanderten Europäer setzten ihre Produkte vorzugsweise in ihrer Heimat ab. So wuchs das Güteraufkommen beispielsweise von 16.000 Tonnen im Jahr 1907 auf 51.000 Tonnen im Jahr 1911. Für eine rund 1.000 Kilometer lange Eisenbahn ist das zwar immer noch ein recht bescheidener Wert, doch wenige Jahre nach Eröffnung erwirtschaftete die Bahn Gewinne. 1905 war das erste profitable Jahr der Uganda-Bahn. 1909 betrug der Betriebsüberschuss knapp 66.000 britische Pfund. 1911 waren es bereits 131.000 britische Pfund. Neben den landwirtschaftlichen Produkten war Baumwolle aus Uganda eines der Haupttransportgüter. Bis 1931 wurde sie per Schiff nach

Züge unter Palmen: Im April 1997 wartet die Diesellok aus amerikanischer Produktion in Nairobi auf Ausfahrt Richtung Mombasa. Nach dem Ende der »East African Railways« wird die Strecke von der staatseigenen Kenia Railway betrieben.

Aufnahme: Steffen Honzera

Handarbeit: Bei der Kenianischen Eisenbahn werden die Weichen und Signale noch nach alter Väter Sitte gestellt.

Aufnahme: Armin Schmutz

Port Florence gebracht, ab 1931 war das Gleis bis Kampala in Betrieb, sodass sie per Bahn abtransportiert werden konnte.
Von 1952 bis 1960 dauerte der Kampf um die Unabhängigkeit Kenias. Mit dem Ende der Kolonialherrschaft begann die eigentliche Blütezeit der Ugandabahn. Schon 1948 hatten sich die Kenia-Uganda-Railways (KUR) und die Tanganjika Railways (TR) zu den East African Railways zusammengeschlossen und betrieben seitdem das Meterspurnetz in Uganda, Kenia und Tansania. Die Strecke Kampala – Nairobi – Mombasa war die wichtigste Verbindung der neuen Bahngesellschaft. Neben den wenigen Bodenschätzen Kenias transportierte die Eisenbahn nun alle Arten von Gütern für die wachsende Industrie des Landes. Zudem wurde die Strecke zu einer viel benutzten Reisezugverbindung. Allerdings währte die Liaison der Bahngesellschaften nur knapp 30 Jahre.
Seit 1977 ist die »Uganda-Bahn« Hauptlinie der Kenia Railways. Ihre britischen Ursprünge kann die Strecke allerdings bis heute nicht verleugnen, Bahnanlagen, Signale und Betrieb tragen nach wie vor die Handschrift des Eisenbahn-Mutterlandes.

Mallets und Garratts – Kraftpakete auf schmaler Spur

Die anspruchsvolle Streckenführung der Uganda-Bahn stellte schon früh eine Herausforderung für die Traktionsmittel dar. Die ersten Dampflokomotiven waren noch gebrauchte »Allerweltsmaschinen«, sie stießen schon nach wenigen Jahren an ihre Grenzen. Die engen Kurven im Rift Valley, gepaart mit Steigungen von bis zu 22 ‰ verlangten nach leistungsfähigeren Fahrzeugen. 1913 trafen die ersten Mallet-Lokomotiven auf der Uganda-Bahn ein. Die mit zwei Gelenk-Triebwerken ausgestatteten Maschinen fielen aber weniger durch ihre Leistungsfähigkeit als durch ihre hohe Reparaturanfälligkeit auf. Schon bald wanderten sie auf die weniger anspruchsvollen Nebenstrecken ab.

Der große Wurf gelang erst 1926 mit Inbetriebnahme der ersten »Garratts«. Die Dampfloks der Bauart Beyer-Garratt gelten heute als Charakteristikum der afrikanischen Eisenbahnen. Wie kaum eine andere Dampflokbauart vereinen sie Kraft und Kurvengängigkeit miteinander. Bis heute sind Loks dieser Bauart in Betrieb, im Bahnhof von Bulawayo (Zimbabwe) erledigen sie Tag für Tag den umfangreichen Rangierdienst.

Ab 1928 setzte die Uganda-Bahn Garratt-Maschinen mit der Achsfolge 2'D1'+1'D2' ein. 1947 begann deren Umbau von Kohle- auf Ölfeuerung. 1939 ergänzte die Linie ihre Flotte um die »Class 57«. Die neuen Lokomotiven waren die ersten Garratts der Welt mit der Achsfolge 2'D2'+2'D2'. Mit ihrem Betriebsgewicht von 186 Tonnen übertrafen sie ihre Vorgängerinnen um rund 60 Tonnen. Sie blieben bis zum Ende der Dampftraktion in Kenia Ende der 1970er-Jahre im Dienst. Den Höhepunkt bildeten

Nairobi Hauptbahnhof (April 1997): Auf den Bahnsteigen der kenianischen Hauptstadt herrscht reger Betrieb. Alles wartet auf den Zug nach Mombasa, während im Hintergrund ein Güterzug Einfahrt hat – Eisenbahn in Afrika! *Aufnahme: Steffen Honzera*

Endstation Viktoriasee (Mai 1997): Vom Bahnhof Kisumu (früher Port Florence) geht es per Fährschiff weiter nach Uganda und Tansania. Ob über Afrikas größten See allerdings tatsächlich Eisenbahnwagen trajektiert werden, hängt von den zuweilen schnell wechselnden politischen Verhältnissen ab. *Aufnahme: Steffen Honzera*

schließlich die noch kräftigeren Maschinen der »Class 59«, die in den 1950er-Jahren auf die Gleise kamen. Die 34 Loks waren die größten und stärksten Garratt-Maschinen, die weltweit auf Meterspurgleisen im Einsatz waren.
Gemessen an diesen stählernen Giganten geht es heute auf den Gleisen Kenias eher unspektakulär zu. Güter- und Personenzüge werden von Diesellokomotiven unterschiedlicher Herkunft gezogen, markant sind die dieselelektrischen Maschinen aus japanischer Produktion. Doch in Nairobi, dem ehemaligen Verwaltungssitz der kolonialen Eisenbahnverwaltung, hütet das Eisenbahnmuseum zahlreiche Fahrzeuge aus der über 100-jährigen Geschichte der »Linie des Irrsinns«.

Die »Uganda-Bahn« in Zahlen

Strecke	Mombasa – Kisumu/Kampala
Länge (km)	945 (Mombasa – Kisumu)
Spurweite (mm)	1.000
max. Neigung	22 ‰
eröffnet:	1901
höchster Punkt	2.784 m (Timboroa Summit)
tiefster Punkt	18 m (Mombasa)

Ein Güterzug ist im Februar 1992 auf dem Weg durch das »Rift Valley«. Der afrikanische Graben war neben den Löwen vom Tsavo die größte Herausforderung für die Bahnbauer. *Aufnahme: Armin Schmutz*

6242

Schmutziges Geschäft

Hütten- und Grubenbahnen

Die eisernen Schienen wurden ebenso in den Berg- und Hüttenwerken Englands »erfunden« wie die Dampflokomotive. So gesehen ist ein Besuch bei Hütten-, Gruben- oder Bergwerksbahnen ein Blick in die Kinderstube der Eisenbahn. Allerdings bleibt dieser Blick den Zeitgenossen fast immer verwehrt, denn die meisten dieser Bahnen verbringen ihren Alltag hinter verschlossenen Werkstoren, auf unzugänglichem Terrain oder unter Tage. Ob die Eisenbahn Bodenschätze ans Tageslicht befördert oder Rohmaterial von den Förderstätten zur Weiterverarbeitung transportiert, ob glühendes Roheisen oder fertige Stahlbrammen, ob wertvolle Bodenschätze oder wertlose Abfälle – stets müssen die Züge Schwerstarbeit leisten und man sieht es ihnen auch an. Hier sind keine auf Hochglanz polierten Paradezüge gefragt, sondern unempfindliche, kräftige Arbeitstiere.

Mit Hilfe der Eisenbahn wurden Abbau, Verarbeitung und Transport in vielen Teilen der Welt erst möglich oder wirtschaftlich sinnvoll. Riesige Gleisnetze sind so entstanden, je nach Bedarf und örtlichen Verhältnissen in schmaler oder normaler Spur. Bis heute sind dort Dampflokomotiven anzutreffen, aber auch Diesel- oder Elektroloks. Spezielle Waggonkonstruktionen mussten entwickelt werden, denn die Hütten- und Grubenbahnen sind in manchen Dingen anders als die »normale« Eisenbahn.

»Schmutziges Geschäft«: In speziellen Transportwagen wird im Stahlwerk Xunhua in China die Schlacke aus den Hochöfen auf die Abraumhalden transportiert, 25. November 2004. *Aufnahme: Roland Meier*

Im Bergwerk ist wenig Platz, daher müssen sich die Bergleute zwangsläufig krümmen, um ins »Führerhaus« zu passen – immerhin, für einen Stromabnehmer reicht das Lichtraumprofil im chinesischen Bergwerk Fengshuigoa aus.

Aufnahme: Roland Meier

Wie kaum ein anderer Wirtschaftszweig haben Bergbau und Schwerindustrie ganze Landstriche verändert. Wo Bodenschätze entdeckt wurden, blieb meist kein Stein auf dem anderen. Vom ursprünglichen Bild der Landschaft blieb häufig nichts übrig. Die Anlagen zur Aufbereitung und Weiterverarbeitung von Kohle, Erz oder Edelmetallen beeindrucken nicht nur durch ihre urwüchsig erscheinende Technik, sondern allein schon durch ihre Größe. Für dieses oft unüberschaubare Geflecht entstanden im Lauf der Jahre riesige Eisenbahnnetze. Diese Eisenbahnen stehen ihren öffentlichen Schwestern in nichts nach.

Grubenbahnen

Die kleinsten der hier behandelten Bahnen sind die Grubenbahnen, denn der Platz in den Bergwerksstollen ist knapp. Entsprechend klein fallen auch die Züge aus, die Bodenschätze oder Abraum der Schächte des Untertagebaus ins Freie befördern.
In diesen Grubenbahnen liegen die ersten Anfänge der Eisenbahn. Ab der Mitte des 16. Jahrhunderts verwendeten Bergleute spurgebundene Holzloren zum Abtransport des Fördergutes aus den Schächten. Diese so genannten »Hunte« rollten auf hölzernen Rädern, die mit ihrer Kehlung auf den ebenfalls höl-

zernen Bohlen geführt wurden. Später ersetzten gusseiserne Räder die hölzernen. Weil sie die Holzschienen in kürzester Zeit zerstörten, belegte man die Bohlen mit eisernen Platten, ehe schließlich die gesamte Schiene aus Eisen gefertigt wurde. Die Eisenbahn war erfunden. Zunächst schoben Bergleute die Hunte aus den Schächten. Doch die Lasten wurden schwerer, sodass Zugpferde diese Arbeit übernahmen.

Aufgrund ihres Einsatzgebiets sind Grubenbahnen überwiegend in Schmalspur ausgeführt. Eine einheitliche Spurweite gibt es aber nicht. Üblicherweise liegt sie zwischen 500 und 610 mm und entspricht damit den Spurweiten bei Feldbahnen. Weil die Grubenbahnen nicht mit anderen Bahnen verknüpft sind, ist das Fehlen einer genormten Spurweite meist kein Problem.

Die Erleichterung durch die Erfindung der Lokomotiven konnte in den Untertagebahnen zunächst jedoch nur in stark eingeschränktem Umfang genutzt werden. Denn die Rauchgase, die eine Dampflok beim Fahren unweigerlich ausstößt, sind gerade in engen und tiefen Bergwerksstollen gefährlich. Zudem stellt das Feuer der Dampflok eine erhebliche Gefahr im Bergwerk dar. Folglich setzte sich der lokomotivbespannte Betrieb erst Ende des 19. Jahrhunderts so richtig durch, nachdem Werner von Siemens 1879 die elektrische Lokomotive

Neben elektrischen Lokomotiven sind im Untertagebetrieb auch Diesel- und Akkulokomotiven im Einsatz, wie auf dieser Bahn in einem Schaubergwerk im ehemaligen Jugoslawien. *Aufnahme: Marc Dahlbeck*

erfunden hatte. Der Elektroantrieb mit Gleichstrom und wenigen hundert Volt Spannung erwies sich als ideal für die relativ kleinen Netze. Innerhalb weniger Jahre entstanden robuste, leistungsfähige und einfach zu unterhaltende elektrische Grubenlokomotiven. Bis heute fahren Grubenbahnen in aller Welt in der Mehrheit elektrisch. Ihren Fahrstrom beziehen sie aus mitunter abenteuerlich verlegten Oberleitungen. Auch die Konstruktion der Fahrzeuge ist allein der Zweckmäßigkeit unterworfen, sodass die Maschinen zuweilen einen eigenwilligen Anblick bieten.

Grubenbahnen im Tagebau

Längst nicht alle Bodenschätze werden untertage gefördert. Wo sie nahe an der Erdoberfläche liegen, erfolgt der Abbau normalerweise im Tagebau. Die Vorteile liegen auf der Hand: Zum einen müssen keine aufwändigen Stollensysteme nebst dazugehöriger Belüftung und Entwässerung gegraben werden. Zum anderen kann der Abbau mit größeren, rationelleren Maschinen erfolgen. Und schließlich ist auch der Abtransport des Förderguts erheblich einfacher. Gleichzeitig hinterlässt der

Unverkennbar aus DDR-Produktion stammt die elektrische Grubenlok im chinesischen Tagebau Pinzhuang. Schön zu sehen ist auch die typische Bergwerksoberleitung der normalspurigen Grubenbahn. *Aufnahme: Roland Meier*

Spätestens bei einem derartigen Anblick verliert das Eisenbahnwesen ein gutes Stück Romantik. In Xunhua (China) werden die Wagen der Grubenbahn von Hand entladen, die ganze Szenerie wirkt wie ein Blick zurück in die Frühzeit der Industrialisierung.

Aufnahme: Roland Meier

Tagebau in großem Stil allerdings Spuren, die das Landschaftsbild nachhaltig verändern. Man denke hier nur an die riesigen »Mondlandschaften«, die der Braunkohlebergbau in Mitteldeutschland hinterlassen hat.

Unabhängig davon wurde auch in den Tagebaugruben der größte Teil des Förderguts lange Zeit mit der Eisenbahn abtransportiert. Im Gegensatz zur räumlichen Enge in den Untertagestollen ist über der Erde mehr Platz für die Gleise. Daher entstanden nun auch Grubenbahnen mit größeren Spurweiten und entsprechenden Fahrzeugen, zudem waren auch die Gefahren beim Einsatz von Dampflokomotiven im Freien deutlich geringer. Trotzdem setzte sich auch hier oft der elektrische Betrieb durch, der allerdings im Vergleich zur »normalen Eisenbahn« eine Reihe von Eigenheiten zeigt. Grundsätzlich unterliegt das Netz einer Grubenbahn stetem Wandel. Je nachdem, wo die Bagger tätig sind, müssen die Gleise immer wieder ergänzt, verlegt, abgebaut oder neu errichtet werden. Damit scheidet ein »klassischer Oberbau« mit Schotter, Holzschwellen etc. in vielen Fällen aus, weil er für die Umbauten viel zu aufwändig wäre. Vielmehr werden die Gleisjoche oft direkt auf den Untergrund gelegt. Durch die schwer beladenen Züge entsteht mit der Zeit eine schlechte Gleislage, der die Fahrzeuge gewachsen sein müssen. Loks und Wagen haben deshalb recht hochbeinig wirkende Fahrwerke, die sich der Gleislage anpassen können. Eine weitere Besonderheit ist bei der Stromzuführung zu finden. Die herkömmlichen Bauformen einer Eisenbahnoberleitung mit einem Fahrdraht über der Gleisachse scheiden schon deshalb aus, weil das Verankern der Masten im Untergrund einen unverhältnismäßig großen Aufwand verursacht. Zudem ist eine Oberleitung direkt über dem Gleis äußerst hinderlich beim Beladen der Züge. So entstand die typische »Strossenoberleitung« mit einfachen Masten, die direkt am Schienenjoch verankert werden. Diese Oberleitung verläuft nicht über dem Gleis, sondern seitlich versetzt. Die Lokomotiven erhielten dafür zusätzliche Seitenstromabnehmer.

Im Tagebau waren Grubenbahnen mit einer Spurweite von 900 mm weit verbreitet. Das Grubenbahnnetz im Raum Leipzig – Altenburg hatte beispielsweise in seiner Blütezeit eine Gesamtlänge von 726 Kilometern und war damit das größte 900-mm-Grubenbahnnetz Europas. Tagebaubahnen, die heute noch betrieben werden, verkehren meist auf Normalspur.

Doch auch die normalspurigen Grubenbahnen sind oft nicht mit dem öffentlichen Netz kompatibel, weil Bergwerksbahnen häufig von wichtigen Vorschriften der »Öffentlichen« abweichen. Meist haben die Wagen automatische Kupplungen und sind damit zumindest in Mitteleuropa nicht mit anderen Eisenbahnfahrzeugen kuppelbar. Bremssysteme und Achsfahrmassen weichen häufig voneinander ab. Fahren die Züge nur innerbetrieblich, können sie zu Gunsten der Kapazität deutlich voluminöser ausfallen, sodass ihr Lichtraumprofil für das öffentliche Netz zu groß ist. Dennoch braucht die Grube einen Anschluss an die große weite Welt, wenn das Fördergut nicht direkt weiterverarbeitet, sondern verschickt werden soll.

Grubenanschlussbahnen

Bergwerke und Steinbrüche liegen nicht immer an verkehrsgünstigen Orten, sodass es manchmal mit großen Mühen verbunden war, einen Transportweg dorthin zu bauen. So entstanden zahlreiche Eisenbahnlinien, Straßen und Kanäle, die den Anschluss der Gruben an das allgemeine Verkehrsnetz herstellen und dafür sorgen, dass das mühsam dem Erdboden entrissene Gut unter die Leute kommt. Im Gegensatz

Die Hüttenwerke im Ruhrgebiet und die Eisenbahn gehören untrennbar zusammen. Nach dem Ende der Dampftraktion übernahmen die zweimotorigen Dieselloks der Reihe V 200.1 bzw. 221 einen großen Teil der Güterzugleistungen im »Pott«, bei denen oft nur wenige Kilometer zurückgelegt werden mussten.

Aufnahme: Dietmar Beckmann

Für den Anschluss der Platingrube Rustenburg in Südafrika an das Staatsbahnnetz sorgt eine Verbindungsbahn, auf der die letzten Dampflokomotiven Südafrikas im Einsatz waren. *Aufnahme: Armin Schmutz*

zu den innerbetrieblichen Eisenbahnen sind die meisten Anschlussbahnen mit dem übrigen Eisenbahnnetz verbunden. Demzufolge entsprechen sie in ihrer Ausstattung und ihren Normen der öffentlichen Eisenbahn. Viele unterliegen sogar als öffentliche Verkehrsunternehmen den allgemein gültigen Normen.
Weil derartige Verbindungen meist nur für einen bestimmten Zweck unterhalten werden, gehören sie in der Regel nicht zum Netz der Staatsbahnen, sondern werden privat betrieben, z. B. von Bergbaugesellschaften. Gleichwohl sind diese Bahnen keineswegs kleine, unscheinbare Bimmelbahnen. Das private Eisenbahnnetz im Ruhrgebiet ist noch heute mehrere hundert Kilometer lang und auf so manchem privaten Werkbahngleis in China fahren neben zahllosen Güterzügen Reisezüge mit zwölf und mehr Wagen, die von ehemaligen Staatsbahn-Lokomotiven gezogen werden.
Während die innerbetrieblichen Bahnen oft über eine Vielzahl eigener Wagen verfügen, etwa Spezialfahrzeuge für den jeweiligen Einsatzzweck, werden auf Anschlussbahnen die Wagen vom Werk zum Anschlussbahnhof gebracht. Deshalb haben sie oft nur wenige Wagen, dafür aber ausreichend Lokomotiven. In vielen Regionen der Welt entwickelten sich die Werks- und Industriebahnen nicht selten zu Rückzugsräumen von überflüssigen, aber noch brauchbaren Fahrzeugen der Staatsbahn. So konnte der Eisenbahninteressierte auf den Zechenbahnen des Ruhrgebiets noch in den 1970er-Jahren ehemalige Bundesbahndampf-

loks im Einsatz erleben, die bei der Staatsbahn schon längst ausgemustert worden waren.
Die letzten Dampflokomotiven in Südafrika fuhren bis zur Jahrtausendwende auf der Anschlussbahn zur Platingrube Rustenburg – es waren ehemalige Hauptbahndampfloks der Südafrikanischen Staatsbahn.
Die mitteldeutschen Braunkohlebahnen in Geiseltal bei Halle erwarben noch in den 1980er-Jahren schwere Güterzugdampfloks der Reihe 44 und ließen sie auf Kohlenstaubfeuerung umbauen. Die Aufzählung ließe sich beliebig verlängern.
Zuweilen sorgten die Zechenbahnen auch für kuriose Situationen. Obwohl beispielsweise die Deutsche Bundesbahn 1976 den Einsatz von Dampflokomotiven auf ihren Gleisen verbot, fuhren im Raum Aachen noch jahrelang Dampfzüge auf Bundesbahngleisen, weil die Maschinen des Eschweiler Bergwerksvereins (EBV) als Anschlussbahn eine Zulassung für DB-Gleise hatten. Weil der EBV auf seinen Werkbahnen fast ausschließlich mit Dampf fuhr, kamen die Loks auch täglich auf »verbotenes Terrain«, ohne dass die DB dem hätte Einhalt gebieten können.
Auch wenn mittlerweile Förderbänder und der Lkw viele Transportaufgaben der Anschlussbahnen übernommen haben, wird gerade in der Montanindustrie die Eisenbahn nach wie vor gebraucht, daran wird sich voraussichtlich auch in Zukunft nichts ändern.

Nach wie vor voll beschäftigt sind die Industriebahnen im rheinischen Revier. Die hier verkehrenden Züge fahren auf einem eigenen Netz und sind mit der öffentlichen Eisenbahn nicht kompatibel. *Aufnahme: Johannes Glöckner*

»Feuerlose Lokomotiven«

In kritischen Bereichen von Werkbahnen ist der Einsatz von Fahrzeugen mit offenem Feuer oder Explosionsmotoren seit jeher verboten. Davon nicht betroffen sind die feuerlosen Dampflokomotiven, besser bekannt unter dem Begriff »Dampfspeicherlokomotiven«. Sie funktionieren wie »reguläre« Dampflokomotiven, erzeugen ihren Dampf jedoch nicht selbst. Statt einer Feuerbüchse haben sie einen üppig dimensionierten Kessel, der mit Dampf aus einem Fremderzeuger gefüllt wird, bis der zulässige Druck erreicht ist. Anschließend kann die Lok bis zu acht Stunden fahren, ehe sie neu befüllt werden muss.

In vielen Industriezweigen fällt Wasserdampf ohnehin an, deshalb ist die Dampfspeicherlok eine kostengünstige und unaufwändige Alternative zu Diesellokomotiven, die beispielsweise eigens explosionsgeschützt sein müssen.

Hüttenbahnen

Im Zusammenhang mit der Montanindustrie kommt den Werksbahnen in den Hüttenwerken eine besondere Bedeutung zu. Rein technisch handelt es sich dabei um Werksbahnen, wie es sie überall in der Industrie gab und teilweise immer noch gibt. Aber für den Betrachter sind die Eisenbahnen der Stahlhütten schon deshalb etwas besonderes, weil sie in einem Umfeld unterwegs sind, das sich bis heute kaum verändert hat. Im Schatten der Hochöfen bewegt sich die Eisenbahn auf ihrem ureigensten Terrain – und ihre Aufgaben sind vielfältig. Da ist einerseits die Anlieferung des Rohstoffes zu erledigen. Andererseits sorgen die Hüttenbahnen auch dafür, dass die Schlacke

Elektrisch und auf schmaler Spur ist dieser skurrile Zug Ende der 1960er-Jahre im Stahlwerk Donawitz (Österreich) unterwegs. *Aufnahme: Jürgen Krantz*

In speziellen Wagen wird die noch glühende Schlacke der Hochöfen zur Abraumhalde des Stahlwerks Xunhua in China gefahren. *Aufnahme: Roland Meier*

aus den Hochöfen auf die Abraumhalden transportiert wird oder befördern in eigens dafür konstruierten »Torpedopfannenwagen« flüssiges Eisen von den Hochöfen zum Walzwerk. Der Name leitet sich von der Form des Laderaums der Wagen ab. Dieser war ursprünglich eine flache Schale, in die das Roheisen aus dem Hochofen hineinlief. In Laufe der Zeit hat sich aus der offenen Pfanne die heute verwendete Torpedoform entwickelt. Damit das 1.400 °C heiße Roheisen beim Transport nicht zu sehr abkühlt und die Wagen nicht beschädigt werden, sind die Torpedos innen doppelwandig mit Schamottesteinen ausgekleidet. Zum Befüllen haben die Wagen in der Mitte des Torpedos eine verschließbare Öffnung. Zum Entleeren wird der Torpedo solange gedreht, bis die Öffnung nach unten zeigt und das Eisen ausfließen kann.

Je nach Größe des Unternehmens reicht die Bandbreite der Werksbahnen von der kleinen, feldbahnähnlichen Schmalspurbahn bis zur normalspurigen Vollbahn. Von der Dampf- über die Diesel- bis zur Elektrotraktion ist alles vertreten. Selbst dort, wo jeder Funke eine Katastrophe auslösen könnte, fährt mitunter eine Eisenbahn. Mit feuerlosen Dampflokomotiven und explosionsgeschützten Dieselloks kann die Eisenbahn selbst in kritischen Bereichen ihre Aufgaben erfüllen, auch wenn diese »Thermoskannen« nicht von allen Zeitgenossen als vollwertige Lokomotiven anerkannt werden.

HAMERSLEY IRON
HAMERSLEY IRON
7070

»Down Under«

Erzzüge in Australien

Was sich auf den Gleisen im heißesten Winkel Australiens Tag für Tag abspielt, sprengt die in Mitteleuropa üblichen Dimensionen in nahezu jeglicher Hinsicht. Zwar rollen die Erzzüge in der Pilbara wie hierzulande auf normalspurigen Gleisen, aber damit sind die Gemeinsamkeiten auch schon aufgezählt. Die hochmodernen Verkehrssysteme der privaten Erzbahnen in Australiens »outback« zeigen, zu welchen Leistungen das System Eisenbahn fähig ist. 30.000 Tonnen Erz können in einem der bis zu drei Kilometer langen Züge vom Landesinneren an die Küste transportiert werden. Diese vielleicht schwersten Güterzüge der Welt umfassen teilweise weit über 300 Waggons und werden von modernen dieselelektrischen Lokomotiven gezogen. Angesichts der klimatischen Bedingungen operieren sie ständig am Limit – bei Außentemperaturen von 50 °C und mehr ist das kein Wunder. Der Lokführer hat da in seiner klimatisierten Führerkabine die besseren Arbeitsbedingungen. Mit den Erzzügen in der Pilbara werden jährlich über 150 Mio. Tonnen Erz von den Förderstätten zu den Häfen in Dampier, Cape Lambert und Port Hedland am Indischen Ozean transportiert. Drei Gesellschaften betreiben die insgesamt rund 2.000 Streckenkilometer umfassenden Netze, die keine Verbindung zum restlichen australischen Eisenbahnnetz haben. Vermutlich werden die Monsterzüge in der Pilbara noch viele Jahre unterwegs sein, denn die Erzvorkommen am Mount Newman, in Yarrie oder in Paraburdoo reichen nach aktuellen Schätzungen noch mindestens 100 Jahre. Möglich ist es allerdings, dass die Züge dann mehr als doppelt so lang sind. Bei Testfahrten in der australischen Wildnis wurden schon Züge mit über sieben Kilometern Länge erfolgreich gefahren. Acht Lokomotiven zogen die insgesamt 100.000 Tonnen schwere Garnitur mit 682 Wagen durch die Einöde. Sie erreichten dabei eine Spitzengeschwindigkeit von 75 km/h. Selbst in Australien wäre der Güterkraftverkehr auf der Straße mit solchen Lasten wohl überfordert.

Hamersley Iron Ore (HI) ist Australiens größter Erzproduzent und führt das Erz über die Strecke Paraburdoo – Dampier ab. Das Design der HI-Lokomotiven ist das attraktivste unter den australischen Erzbahnen. *Aufnahme: Thomas Estler*

Die Pilbara-Region im nordwestlichen Teil von Western Australia ist die heißeste Region des roten Kontinents – Temperaturen von 50° C und mehr sind hier eher die Regel als die Ausnahme. Das fast 450.000 km^2 große Territorium grenzt im Norden und Westen an den Indischen Ozean und galt bis vor gut 40 Jahren als »outback« schlechthin. Doch in der Einöde liegt ein vor über 2 Mrd. Jahren entstandener Gebirgszug, der heute als eine der größten Erzlagerstätten der Welt gilt: Die Hamersley Ranges. Seit den 1960er-Jahren wird das Erz der Pilbara in großem Stil abgebaut und in alle Welt exportiert. Dies ist zu einem nicht unbeträchtlichen Teil der Eisenbahn zu verdanken, ohne die das Erz nicht an die Küste und damit auch nicht zu den Kunden in Japan oder Europa käme. Mit dem Bau der Erzbahnen entstanden nicht nur Bahnlinien, sondern auch Städte, Häfen und Straßen: die gesamte Infrastruktur einer ganzen Region.

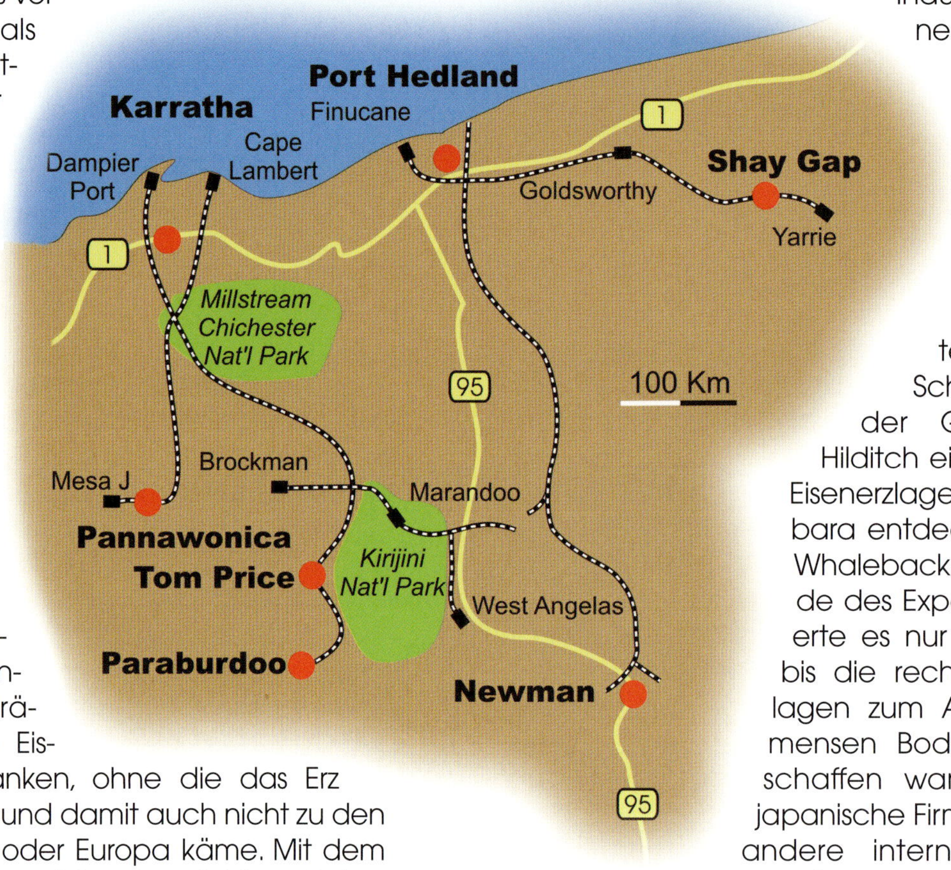

Die Geschichte

Dass im Herzen der Pilbara Erzvorkommen lagern, war schon zu Beginn des 20. Jahrhunderts bekannt. Doch die Regierung Australiens verhängte im Sommer 1938 ein Exportverbot für Eisenerz, um die im ganzen Land vorhandenen, leicht zugänglichen Bodenschätze für den heimischen Gebrauch zu bewahren. Damit bestand zunächst kein Bedarf, den Erzvorkommen in der Pilbara besondere Aufmerksamkeit zu schenken, zumal die Gegend äußerst unwirtlich ist. Außerdem schätzte man die Ausmaße der Erzvorkommen damals eher bescheiden ein. 1960 wurde das Exportverbot aufgehoben, der Export von Bodenschätzen war wieder lukrativ. Die Pilbara war zu diesem Zeitpunkt allerdings noch eine Region ohne Industrie. Einige kleine Bergbaufirmen teilten sich das weite Land mit ein paar Rindern und rund einer halben Million Schafen. Doch dies sollte sich ändern. Schon 1957 hatte der Geologe Stan Hilditch eine der größten Eisenerzlagerstätten der Pilbara entdeckt, den Mount Whaleback. Nach dem Ende des Exportverbots dauerte es nur wenige Jahre, bis die rechtlichen Grundlagen zum Abbau der immensen Bodenschätze geschaffen waren. Vor allem japanische Firmen, aber auch andere internationale Konzerne, drängten nun in die Region, um die Schätze Westaustraliens auszubeuten. Binnen kürzester Zeit entstanden Minengesellschaften, die den Erzabbau in der Pilbara in großem Stil organisierten. Ab 1966 entstanden gewissermaßen im Niemandsland Eisenbahnstrekken, auf denen das Eisenerz von den Gruben möglichst schnell an die See und von dort zu den Abnehmern gelangte. Bis heute dienen die Eisenbahnstrecken ausschließlich dem Erztransport, sonstiger Güter- oder gar Personenverkehr findet hier nicht statt. Aber mit der Erzförderung und dem Bau der Eisenbahnen entstanden binnen kürzester Zeit ganze Städte, Häfen und Industrieanlagen aus dem Nichts. Inzwischen leben und arbeiten dort viele tausend Menschen.

Die längsten und schwersten Güterzüge der Welt fahren auf der Strecke Newman – Port Hedland der BHP. Für die über 300 Wagen starken Züge sind vier Lokomotiven erforderlich, von denen zwei Maschinen in der Mitte eingereiht sind.

Aufnahme: Thomas Estler

Die Eisenbahnen

Drei Eisenbahn-Gesellschaften teilen sich heute die Aufgabe, das Erz der Pilbara an die See zu bringen. Allerdings ist streng genommen heute nur von zwei Gesellschaften die Rede, denn unter der Bezeichnung Pilbara Rail firmieren mittlerweile die beiden einst konkurrierenden Gesellschaften Robe River Railroad und Hamersley Iron Ore Railway. Beide Bahnen gehören zum Konzern Rio Tinto, waren jedoch in den Anfängen der industriellen Erschließung der Pilbara voneinander unabhängig und werden deshalb hier vorgestellt. Die Hamersley Iron Railway eröffnete 1966 den ersten Teil ihrer Strecke vom Hafen Dampier nach Tom Price, 1972 folgte der Abschnitt bis Paraburdoo. Erst Anfang der 1990er-Jahre gingen die Strecken von Rosella Siding nach Brockman (45 km; 1992 eröffnet) und Marandoo (50 km; 1994 eröffnet) in Betrieb, sodass letztlich ein Netz von 481 Kilometern betrieben wurde.

Der Bau der »Goldsworthy Railway« begann ebenfalls in den 1960er-Jahren. Sie verband zunächst die gleichnamige Mine mit dem Hafen Finucane Island bei Port Hedland. Heute führt die Strecke weiter bis Yarrie und ist Teil der BHP Iron Ore Railway. Seit 1969 ist die Mt. Newman Railroad von Port Hedland nach Newman in Betrieb. Auch sie gehört mittlerweile zum BHP-Netz und ist mit 426 Kilometern die längste der vier Erzbahnen in der Pilbara. Seit 1992 sind die beiden BHP-Strecken bei Port Hedland miteinander verknüpft, sodass die Züge bei Bedarf von einer Strecke auf die andere wechseln können. Zuvor waren beide Bahnen völlig voneinander getrennt, obwohl sie einander niveaugleich kreuzten.

Mit den verschiedenen Stichbahnen umfasst das von BHP betriebene Netz rund 700 Kilometer Streckenlänge. Dritte im Bunde ist die Robe River Railroad, deren gut 200 Kilometer lange Strecke seit 1972 die Abbaustätten in Pannawonica mit dem Hafen Cape Lambert verbindet. Mittlerweile wurde die Verbindung bis zur Mine Mesa J verlängert, außerdem ist Robe Iron Ore seit 2000 mehrheitlich im Besitz von Rio Tinto. Unter den neuen Besitzverhältnissen lag es nahe, die bis dahin konkurrierenden Eisenbahnen zusammenzuführen. Die Pilbara Rail Company betreibt derzeit als joint venture von Rio Tinto und Robe Iron Ore ein Netz von rund 1.100 Kilometern. Neben der Robe River Railroad ist auch die Hamersley Iron Ore Railway Teil

Die Hamersley Iron Ore Railway (HI) und die Robe River Railroad haben sich mittlerweile zu »Pilbara Rail« zusammengeschlossen. Auf der HI-Stammstrecke Dampier – Paraburdoo ist diese Leergarnitur unterwegs. Aufnahme: Thomas Estler

der Pilbara Rail. Seit 2002 dient deren Strecke zur Abfuhr des Erzes aus dem neu erschlossenen Abbaugebiet West Angelas. Pilbara Rail ist derzeit die größte Privatbahn Australiens und transportiert jährlich rund 150 Mio. Tonnen Eisenerz von den Minen an die Küste.

Die Strecken

Mit einer Ausnahme entsprachen die Erzbahn-Strecken von Anfang an den in Amerika gültigen Normen. Damit waren sie von vorneherein für den Transport schwerster Lasten ausgelegt. Im Gegensatz zu Mitteleuropa, wo die zulässige Achsfahrmasse auf Hauptstrecken meist bei 22 Tonnen liegt, erlaubt der Oberbau der australischen Erzbahnen Achslasten von 35 Tonnen, zukünftig sogar 40 Tonnen. Damit liegt sie unangefochten weltweit an der Spitze. Nur die Goldsworthy Railway entstand zunächst nach australischen Normen. Erst nach der Übernahme durch BHP wurde die Strecke von Port Hedland nach Yarrie grundlegend modernisiert und für größere Achsfahrmassen ertüchtigt.
Alle vier Erzbahnen sind als eingleisige Hauptbahnen angelegt. In regelmäßigen Abständen bestehen Kreuzungsmöglichkeiten, die natürlich an die Länge der Erzzüge angepasst sind und deshalb auf den ersten Blick wie Doppelspurabschnitte wirken. Weil jede Bahn ursprünglich ein eigenes, abgeschlossenes System war, führen die vier Linien auch heute noch zu vier verschiedenen Verladehäfen, obwohl die Bahnen inzwischen teilweise vernetzt sind.
Die Strecken überwinden immer wieder beachtliche Steigungen. Allerdings wirkt es sich auf

Auf allen Erzbahnen wird das Erz in modernen vierachsigen Erzwagen mit automatischer Kupplung befördert – bei Zuglängen von mehreren hundert Wagen ist ein manuelles Kuppeln schlicht undenkbar.

Aufnahme: Thomas Estler

den Betrieb günstig aus, dass die größeren Neigungen in Leerrichtung liegen. Bis zu 20 ‰ beträgt die maximale Neigung etwa auf der Pilbara Rail-Linie nach Paraburdoo. In der Gegenrichtung müssen die beladenen Züge dagegen »nur« 5 ‰ überwinden. Dennoch sind die Lokomotiven auf dem etwa 100 Kilometer langen Abschnitt von Paraburdoo nach Tom Price mit fast durchgängiger Steigung von 4,3 ‰ voll gefordert.
Alle Strecken werden komplett von den Leitzentralen in Port Hedland (BHP) bzw. Dampier (Pilbara Rail) ferngesteuert und mit umfangreichen Sicherungssystemen überwacht. Zudem laufen hier auch Fehler- und Störungsmeldungen von der Strecke ein. Sensoren am Gleis melden etwa heißgelaufene Achsen oder überhitzte Bremsen direkt an die Zentrale. Auch die Lokomotiven sind mit hochmoderner Sicherungs- und Kontrolltechnik ausgerüstet. Dazu zählen etwa »Automatic Train Protection« (ATP),

Pilbara-Erzbahnen im Überblick

Strecke	Länge	Betreiber
West Angelas – Dampier	406 km	Pilbara Rail
Mesa J – Cape Lambert	201 km	Pilbara Rail
Yarrie – Port Hedland	207 km	BHP
Newman – Port Hedland	426 km	BHP

sowie diverse Stichstrecken mit insgesamt rund 600 km Länge

das die Fahrdaten überwacht und z. B. beim Überschreiten der zulässigen Geschwindigkeit, Überfahren Halt zeigender Signale oder plötzlichem Ausfall des Lokführers eine automatische Zwangsbremsung einleitet.

Betrieb und Fahrzeuge

Die vermutlich schwersten und längsten Güterzüge der Welt verkehren auf der BHP-Linie von Newman nach Port Hedland. Regulär bestehen die Züge aus 336 Erzwagen, die von vier dieselelektrischen Lokomotiven gezogen werden. Zwei Maschinen laufen an der Zugspitze, zwei weitere sind in der Mitte des Zugverbands eingereiht. Über ein Funkkontrollsystem werden alle Maschinen zentral vom Lokführer auf der führenden Maschine ferngesteuert. Jeder Waggon fasst etwa 120 Tonnen Erz, sodass mit einem Zug ca. 40.000 Tonnen Fracht zum Hafen in Port Hedland transportiert werden. Für die etwa 430 Kilometer benötigt ein beladener Zug sieben bis acht Stunden. Leerzüge sind meist etwas länger unterwegs, weil sie den entgegenkommenden beladenen Zügen Vorrang gewähren und in den Kreuzungsstationen zuweilen warten müssen. Abhängig von der Nachfrage, den Förder- und den Lagerkapazitäten schwankt die Zahl der täglichen Zugfahrten. Neun beladene Züge sind täglich vorgesehen.
Auf der BHP-Strecke nach Yarrie geht es, verglichen mit der Newman-Strecke, fast schon beschaulich zu, hier bestehen die Züge aus »nur« 90 Waggons. Für derartige Kurzzüge reicht eine Lokomotive, doch transportieren auch diese Garnituren etwa 10.000 Tonnen Erz pro Fahrt. Meist sind drei Züge am Tag unterwegs, wobei immer ein Zug auf der Strecke, einer beim Beladen und einer beim Entladen ist. Die histo-

In regelmäßigen Abständen verfügt die eingleisige Strecke Dampier – Paraburdoo über Ausweichstellen, auf denen die landeinwärts fahrenden Leerzüge die entgegenkommenden beladenen Garnituren passieren lassen können. *Aufnahme: Thomas Estler*

7081
7081
7072
7072

Zum Entladen werden die Erzwagen mit Hilfe einer Waggonkippanlage einfach komplett »auf den Kopf gestellt« – auch dieser Vorgang ist, wie der gesamte Betrieb der Erzbahnen, weitgehend automatisiert. *Aufnahme: Thomas Estler*

risch gewachsene Zuordnung jeder Bahn zu einem anderen Hafen blieb trotz des Zusammenschlusses bestehen, sodass die Züge aus Yarrie im Hafen Finucane Island entladen werden, die Züge aus Newman hingegen den Hafen Nelson Point anfahren. Das Erz aus den beiden Abbauregionen ist von unterschiedlicher Beschaffenheit, sodass diese Aufteilung die Logistik erheblich vereinfacht und so ihren Teil zur Effizienz beiträgt.

Nicht ganz so lang wie die BHP-Züge sind die Garnituren auf den Pilbara Rail-Strecken von Mesa J nach Cape Lambert und von West Angelas nach Dampier. Doch auch hier bemisst sich die Zuglänge in Kilometern. Auf der Robe River-Linie sind in der Regel Garnituren aus 200 Waggons unterwegs. Sie bringen es auf 2,4 Kilometer Länge und ein Gesamtgewicht von knapp 30.000 Tonnen. Auf der Hamersley-Strecke hängen bis zu 230 Waggons hinter den beiden Zugloks.

Auf der langen Steigung zwischen Paraburdoo und Tom Price benötigen die beladenen Züge bis zu drei Schubloks, um die 4,3-‰ - Steigung zu bezwingen. Die gut 200 Kilometer von Mesa J nach Cape Lambert schaffen die Züge in weniger als vier Stunden, die gut doppelt so lange Fahrt von West- Angelas nach Dampier bewältigen sie in rund acht Stunden.

Die etwa 100 dieselelektrischen Lokomotiven zur Beförderung der Erzzüge sind zum größten Teil australische Lizenzbauten verschiedener Modelle des amerikanischen Herstellers General Electric. Die Lokomotiven des Typs AC6000CW leisten 6.000 PS und waren die ersten Diesellokomotiven in Australien mit Drehstrom-Fahrmotoren. Allen Lokomotiven gemeinsam ist das komfortable Führerhaus. Klimaanlage und doppelte Verglasung schützen die Lokführer vor der sengenden Hitze, zudem sorgen Kühlschrank, Mikrowellenherd und CD-Player für Komfort am Arbeitsplatz.

Die Robe River Railroad ist mittlerweile wie die Hamersley-Linie Teil von »Pilbara Rail«. Damit ist auch die gelbe Lackierung der Robe-Lokomotiven weitgehend verschwunden und durch das elegante silberne Farbkleid der Hamersley-Bahn ersetzt worden.

Aufnahme: Thomas Estler

Zurück zur Natur

Feld- und Waldbahnen

Auf den ersten Blick wirken sie fast wie Spielzeugeisenbahnen, doch auch Feld- und Waldbahnen sind vollwertige Eisenbahnen und hatten jahrzehntelang als Transportmittel keine Konkurrenz. In ihrer Blütezeit waren sie beispielsweise aus den Weiten Mecklenburgs oder den Muskauer Wäldern nicht wegzudenken und beförderten tagtäglich ohne großes Aufsehen Lasten, die sich vor denen der großen Eisenbahn nicht verstecken mussten. Doch ihre große Zeit ist vorbei, längst gibt es geeignete Kraftfahrzeuge, die ihre Aufgaben übernommen haben.

Charakteristisch für die kleinen Bahnen waren einfache Anlagen. Die mussten sich schnell und ohne großen Aufwand verlegen lassen. Außerdem erforderte der Betrieb einen robusten Fuhrpark, denn immer wieder landete eine Fuhre neben den Gleisen.

Die meisten Feldbahnen dienten ausschließlich dem nichtöffentlichen Verkehr. Deshalb musste bei Bau und Betrieb auf die sonst geltenden Vorschriften keine Rücksicht genommen werden, was die Kosten spürbar senkte. Im Lauf der Zeit entstand eine unüberschaubare Vielfalt höchst unterschiedlicher Anlagen, kaum eine Bahn glich der anderen. Von der nur wenige hundert Meter langen Verbindungsbahn zweier Werksteile bis zum viele hundert Kilometer langen Schmalspurnetz war alles zu finden. Gemeinsam war den meisten dieser Bahnen allenfalls die Anlage als Schmalspurbahn.

Wer heute noch regulären Feld- oder Waldbahnbetrieb erleben möchte, muss entweder genau hinsehen oder weite Reisen unternehmen. Ganz vereinzelt und meist gut versteckt gibt es noch einzelne Torfbahnen. In den dunklen Wäldern der Karpaten wird auch heute noch Holz mit der Eisenbahn aus den Wäldern geholt. Und in Übersee, etwa in Indonesien oder auf Kuba ist die Feldbahn bis heute unersetzlich. Dank zahlreicher Museumsbahnen ist es aber auch möglich, das einzigartige Fahrgefühl auf den holprigen Gleisen am eigenen Leib zu »erfahren«.

In den Wäldern rund um Bad Muskau betrieb die Deutsche Reichsbahn bis 1978 ein ausgedehntes Waldbahnnetz in 600 mm Spurweite. Heute dampfen auf den Resten der Muskauer Waldbahn wieder Museumszüge. Am 25. April 2004 hat die 99 3317 einen Fotogüterzug am Haken.

Aufnahme: Uwe Miethe

Ähnlich wie im Bergbau war der Gütertransport auch in der Land- und Forstwirtschaft über Jahrhunderte ein mühseliges Geschäft, das mit Muskelkraft, Fuhrwerken und Wasserwegen bewältigt wurde. Einem rentablen Wirtschaften waren damit enge Grenzen gesetzt und nicht selten schieden eine oder gleich mehrere Varianten ganz aus. Im Torfabbau etwa waren reguläre Fuhrwerke nur begrenzt einsetzbar, weil die schweren Wagen auf dem moorigen Boden einsanken. Die Erfindung der Eisenbahn bedeutete auch hier eine Revolution und veränderte die oft über Jahrhunderte gleich gebliebenen Gepflogenheiten innerhalb kürzester Zeit. Reguläre Eisenbahnen waren für derartige Aufgaben allerdings ungeeignet: zu groß, zu schwer und vor allem viel zu teuer in Bau und Betrieb. Gefragt waren leichte, anpassungsfähige und kostengünstige Bahnen, die ohne große Mühe auf- und wieder abgebaut werden konnten.

Pionier der Feldbahn: Paul Decauville

Im Grunde hatten schon die ersten Bergwerksbahnen mit eisernen Schienen diese Voraussetzungen erfüllt. Allerdings lohnte sich deren Einsatz zunächst nur für größere Vorhaben, etwa beim Bau des Ludwigskanals in Bayern. Dort wurde 1839 erstmals eine Feldbahn eingesetzt. Für die Land- und Forstwirtschaft wie für zahlreiche andere Wirtschaftszweige wurde die Feldbahn erst im ausgehenden 19. Jahrhundert interessant. 1875 entwickelte der Franzose Paul

Zuckerrohr, soweit das Auge reicht – und mittendrin die dampfbetriebene Feldbahn: Alltag auf Java. Aufnahme: Johannes Glöckner

Decauville (1846 – 1922) für den eigenen Bedarf fertige Gleisjoche. Diese kompletten Gleisstücke mussten einfach nur verlegt und miteinander verbunden werden. Die Schmalspurschienen lagen auf Stahlschwellen, die Länge der einzelnen Joche war so bemessen, dass sie problemlos zu transportieren waren. Offenbar stieß er damit in eine echte Marktlücke, denn schon 1876 gründete er eine Fabrik für Feldbahnbedarf und exportierte bald in alle Welt. Dem Pionier folgten weitere Anbieter, denn mit den industriell gefertigten »Baukasten«-Teilen wurden die erforderlichen Materialien erschwinglich. Eine der bekanntesten deutschen Firmen entstand 1876, als sich die Unternehmer Arthur Koppel und Benno Orenstein zum Unternehmen Orenstein & Koppel zusammenschlossen. O&K war mit der Produktion von Feldbahnzubehör so erfolgreich, dass für den Bau der Lokomotiven schon bald ein eigenes Werk gebraucht wurde. Innerhalb weniger Jahre waren die kleinen Bahnen in der ganzen Welt allgegenwärtig und transportierten Baustoffe, landwirtschaftliche Erzeugnisse und Holz.

Das problemlose Auf- und Abbauen und die Transportfähigkeit machten die Feldbahn auch für das Militär interessant. Eigene Eisenbahnbataillone sorgten etwa in den beiden Weltkriegen für den Aufbau und Betrieb umfangreicher Feldbahnanlagen an den Fronten. Begriffe wie Brigadelokomotiven oder Heeresfeldbahn sind heute noch geläufig und erinnern daran, dass die Eisenbahn nicht nur friedlichen Zwecken dient.

Sparsame Technik

Galt schon bei normalen Schmalspurbahnen der Grundsatz, so sparsam wie möglich zu bauen und teure Brücken, Tunnel und Einschnitte möglichst zu vermeiden, so traf dies auf die Feldbahnen in noch höherem Maße zu.

Industriell gefertigte Gleisjoche wie die von Decauville waren dank ihrer Bauweise so stabil, dass sie ohne weitere Umstände direkt auf den Boden verlegt werden konnten. Zwar sollte der Untergrund zuvor einigermaßen planiert werden, aber das aufwändige und teure Anlegen eines Schotterbettes entfiel. Damit die einzelnen Teile handlich blieben, verwendete Decauville zunächst extrem schmale Gleise mit nur 400 mm Spurweite. Letztlich setzten sich Spurweiten zwischen 500 und 600 mm als gängige Feldbahnmaße durch. Je nach Bedarf, Transportvolumen und Anlage der Bahn gab und gibt es aber auch größere Spurweiten. Die Fahrgeschwindigkeit spielt auf Feldbahnen keine wesentliche Rolle. Auf derart verlegten Gleisen sind hohe Geschwindigkeiten sowieso unmöglich, 10 bis 15 km/h waren oft das Höchste der Gefühle. Bei den geringen Geschwindigkeiten erforderten auch Sonderteile wie etwa Weichen oder Gleiskreuzungen nur wenig Aufwand. Charakteristisch für Feldbahngleise sind etwa so genannte Schleppweichen, die ohne die üblichen Weichenzungen auskommen. Stattdessen sind im Weichenbereich beide Schienen unter-

Zweckmäßigkeit und einfache Ausstattung sind das typische Kennzeichen von Feldbahnen. Auch der Wagen dieses Denkmalzuges scheint aus altbrauchbaren Teilen selbst »konstruiert« worden zu sein.

Aufnahme: Sammlung Joachim Stender

brochen und beweglich gelagert. Je nach Bedarf werden diese in die eine oder andere Richtung verschoben. Auf Radlenker konnte verzichtet werden. Auch die »Kletterweiche« ist ein feldbahnübliches Accessoire. Es ist ein Gleisstück, dessen Schienen an einem Ende abgeflacht sind. Dieses flache Ende wird auf ein anderes Gleisstück aufgelegt und befestigt. Der Zug »klettert« beim Befahren auf das mobile Schienenstück und kann so beispielsweise auf ein anderes Gleis ausgeleitet werden, ohne dass eine richtige Weiche eingebaut werden muss. Straßenbahnbetriebe verwenden bei temporären Baustellen oder Umleitungen gern diese Technik.

Ebenso einfach und sparsam ist normalerweise der Fuhrpark. Durch die niedrigen Geschwindigkeiten konnte in der Regel auf eine Federung der Fahrzeuge verzichtet werden. Aufwändige Bremssysteme sparte man ebenfalls. Entweder bremste die Lok alleine oder man stellte handgebremste Wagen mit entsprechendem Personal in die Züge ein.

Die typischen zweiachsigen Feldbahnwagen trugen je nach Bedarf unterschiedliche Aufbauten auf einem für alle Typen verwendbaren Rahmen. War einmal keine Lokomotive da, so konnten selbst beladene Wagen von Hand verschoben werden. Die meisten Loks waren technisch bewusst einfach gehalten und genügsam. Gab es etwa keine Kohle, waren sie notfalls auch mit anderen Brennstoffen zufrieden. Fuhr die Maschine auf einer Wald- oder Torfbahn, hatte sie häufig einen Kobelschornstein, um den Funkenflug einzudämmen. Nicht selten gehörte eine Pumpe (Elevator) zur Ausstattung, mit der die Lok auch aus Bächen, Brunnen oder Seen Wasser nehmen konnte.

Individualität ist Trumpf bei den Halligbahnen an der deutschen Nordseeküste. Der »Reisezugwagen« hinter der Lok erfüllt vermutlich nicht alle Auflagen der Aufsichtsbehörde, allerdings wird auf der 900-mm-Bahn von Dagebüll zur Hallig Langeness auch kein öffentlicher Verkehr durchgeführt. Aufnahme: Dirk Höllerhage

Züge ohne Fahrplan: Der Betrieb

Der Begriff »just in time« ist eine Wortschöpfung unserer Tage. Doch das Prinzip, einen Transport genau zum richtigen Zeitpunkt zu erledigen, liegt fast jeder Feldbahn zu Grunde. Die allermeisten Feld- und Waldbahnen haben keinen öffentlichen Verkehr, deshalb verkehren sie auch nicht nach einem Fahrplan. Die Züge fuhren eben, wenn sie gebraucht wurden. Und als Werksbahnen unterlagen sie auch nicht den strengen Vorschriften der öffentlichen Eisenbahnen. Dadurch war es beispielsweise möglich, dass mehrere Züge direkt hintereinander »auf Sicht« fahren konnten. Teure Signale, Blockstellen, Zugsicherungsanlagen und dergleichen waren auf Feldbahnen meist überflüssig. Waldbahnzüge konnten beispielsweise ohne Umstände auf freier Strecke stehen bleiben, um be- oder entladen zu werden.

Allerdings gab es auch Ausnahmen. Aus manchen ursprünglich als reine Wirtschaftsbahn angelegten Strecken entstanden im Lauf der Zeit »richtige« Eisenbahnen. Berühmte Beispiele dafür sind etwa die »Mecklenburg-Pommersche Schmalspurbahn« (MPSB) oder die »Waldeisenbahn Muskau« (WEM). Die MPSB war Deutschlands älteste 600-mm-Strecke für den öffentlichen Verkehr und nahm ihren Betrieb bereits

Durch Feld, Wald und Wiese zuckelt der Dampfzug in den Karpaten: Die Schafe sind das Züglein offenbar gewohnt und lassen sich bei ihrer Lieblingsbeschäftigung nicht stören.

Aufnahme: Johannes Glöckner

Holzverladung auf freier Strecke: Waldbahnen fahren dorthin, wo Bedarf ist, notfalls bleiben die Züge einfach stehen, damit die Güter verladen werden können. *Aufnahme: Johannes Glöckner*

am 1. Oktober 1892 auf. In ihrer Blütezeit verkehrten 27 Dampflokomotiven auf mehr als 200 Kilometer Schmalspurstrecke. Für die Maschinen gab es in Anklam und Friedland große Rundschuppen mit Drehscheiben. Weil die Bahn bis 1969 Personenverkehr anbot, tauchte sie ganz regulär in den Kursbüchern auf. Als öffentliche Eisenbahn unterlag sie natürlich der »Eisenbahnbau- und Betriebsordnung«, hatte also beispielsweise Bahnhöfe mit Empfangsgebäuden und Einfahrsignalen.
Die Muskauer Waldeisenbahn blieb hingegen bis zur Betriebseinstellung 1978 eine reine Güterbahn. Sie war durch den Muskauer Standesherrn Graf von Arnim ab 1895 erbaut worden, um neben der Forstwirtschaft die Braunkohlegruben, Ziegeleien, Sägewerke und Papierfabriken im Raum Muskau zu bedienen. 1951 gelangte das mehr als 50 Kilometer lange Netz zur Deutschen Reichsbahn und wurde so offiziell zur Staatsbahnstrecke. Einem festen Fahrplan folgt die WEM allerdings erst seit 1992, als aus den noch vorhandenen Resten der Bahn eine sehenswerte Museumsbahn entstand.
Obwohl der Einsatz von Wald- und Feldbahnen den Gütertransport erheblich vereinfachte, blieb der Aufwand dafür doch beträchtlich. Mit dem Aufkommen des Lkw sank demzufolge der Stern der kleinen Bahnen. Je moderner und vielseitiger die Kraftfahrzeuge und Maschinen wurden, desto weniger wurde die Eisenbahn benötigt. Förderbänder etwa ersetzten immer häufiger die innerbetrieblichen Lorenbahnen in Stein- oder Sandbrüchen und der Lkw sparte in

aller Regel mindestens einen Umladevorgang. So gibt es heute nur noch wenige Feldbahnen in Europa, die tatsächlich Güterverkehr betreiben. In den Moorlandschaften Norddeutschlands werden noch Feldbahnen zum Torftransport genutzt, denn für die weichen Untergründe sind beladene Lkw zu schwer. Auf den Dämmen links und rechts des Rheins vor seiner Mündung in den Bodensee fahren die Züge der »Internationalen Rheinregulierung«. Sie bringen Steine zur Dammschüttung vom Steinbruch ins Mündungsgebiet. Eine besonders »exquisite« Streckenführung zeichnet die Halligbahnen an der deutschen Nordseeküste aus. Mitten durch das Wattenmeer führen die nicht-öffentlichen Gleise, auf denen neben Bauzügen auch selbstgebaute Motorloren der Inselbewohner verkehren.

Ein echtes Waldbahnparadies waren bis vor wenigen Jahren die rumänischen Karpaten. Die staatliche Forstverwaltung betrieb in den riesigen Wäldern ein ausgedehntes Netz dampfbetriebener Waldbahnen. Bis auf wenige Reste ist dieser Betrieb jedoch mittlerweile Geschichte, nur die »Wassertalbahn« erinnert noch an diese Ära.

Wer heute noch »richtigen« Feldbahnbetrieb erleben will, wird in Übersee fündig. In Indonesien etwa erfolgt der Zuckerrohrtransport von den riesigen Plantagen zu den Zuckerfabriken nach wie vor mit der Eisenbahn. Viele Fahrzeuge stammen aus Europa und erinnern an die Zeit, als mit dem Verkauf von Feldbahnzubehör noch richtig Geld verdient wurde.

Große Lok auf kleinen Rädern: Die etwas unproportioniert wirkende Gelenklok der Bauart Mallet findet bewundernde Blicke durch den Nachwuchs. Der gedeckte Wagen hinter der Maschine ist übrigens kein Güterwagen, sondern der Tender. Aufnahme: Johannes Glöckner

21

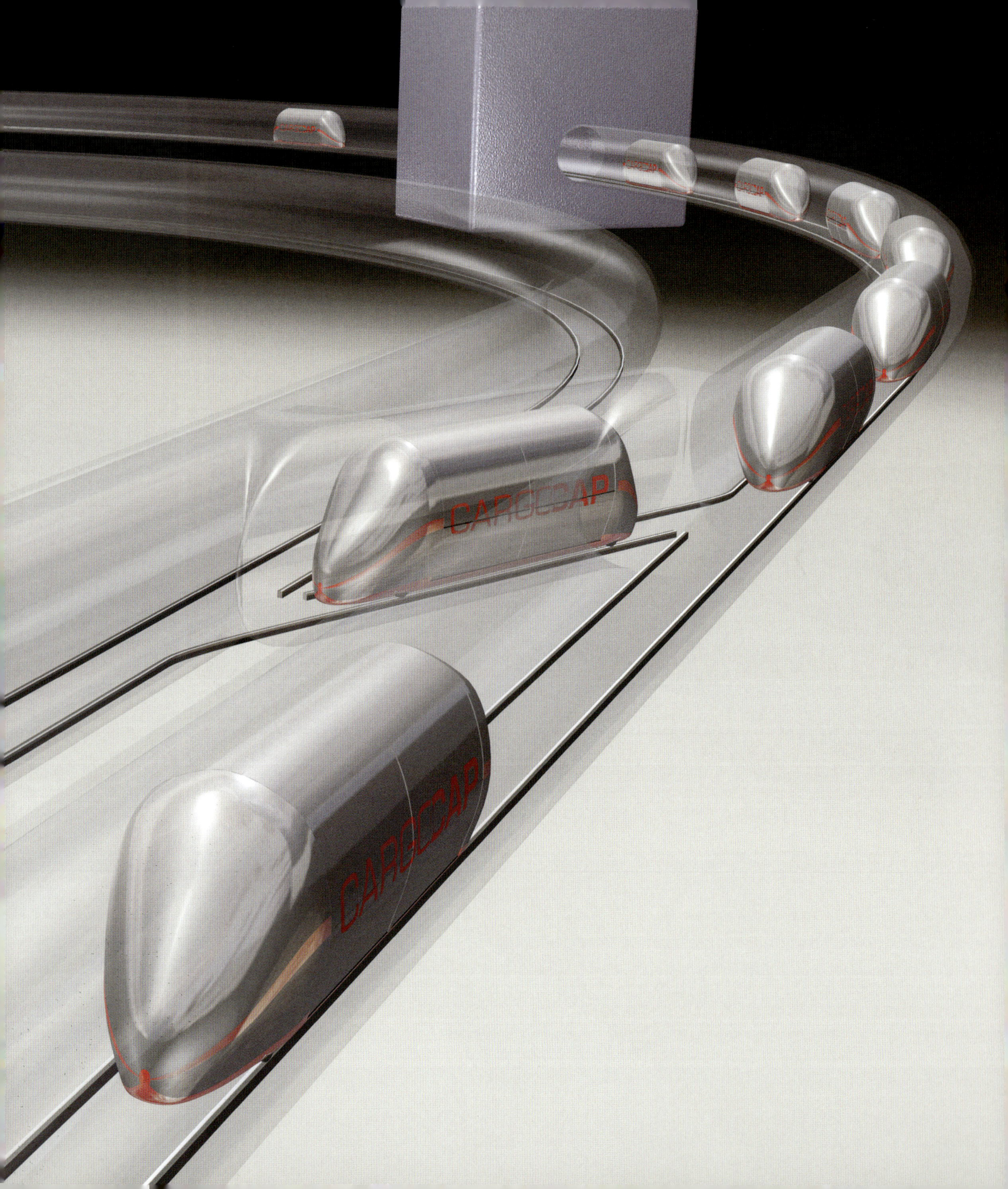
CARGOCAP
CARGOCAP

Ein Kessel Buntes

Variationen und Visionen

Güterverkehr auf der Schiene ist bunter, als man denkt. Nicht nur die Vielfalt von Fahrzeugen und Lackierungen in einem einzigen Güterzug bietet immer neue Anblicke. Vielmehr gab und gibt es eine Fülle höchst unterschiedlicher Spezialfälle von schienengebundenen Transporten, je nach den jeweiligen Bedürfnissen. Manche dieser Spezialitäten glänzen eher durch ihre Kuriosität als durch wirkliche Notwendigkeit. Andere sind aus politischen Gründen entstanden oder legen das Thema »Güterzug« sehr weit aus. Und wieder andere sind über das Stadium der Vision bislang noch nicht hinausgekommen und niemand weiß, ob sie es je tun werden.

Dennoch gehören auch die hier vorgestellten »Schmankerln« zum weiten Feld der Transporte auf Schienen. Sie zeigen jeweils auf ihre Art, dass die »alte Eisenbahn« mit pfiffigen Ideen und dem Mut zu manchmal unkonventionellen Lösungen auch in modernen Zeiten längst noch nicht aufs Abstellgleis fahren muss. Dabei ist manches davon gar nicht neu, sondern schon seit Jahrzehnten bewährt. Der Güterwagentransport auf Straßenrollern etwa ist keineswegs eine Erfindung unserer autonärrischen Zeit, sondern stammt aus jenen Tagen, in denen die Eisenbahn noch Gewinne einfuhr.

Einen Anspruch auf Vollständigkeit erhebt dieser kleine Streifzug natürlich nicht. Sicher gibt es noch viel mehr interessante, beeindruckende oder einfach nur einmalige Fälle, in denen »Güterverkehr der besonderen Art« auf Schienen durchgeführt wird.

»CargoCap« ist ein neuartiges, unterirdisches Gütertransportsystem, das zumindest als Versuchsanlage schon existiert. Ob so die Zukunft des Schienengüterverkehrs aussieht? *Aufnahme: CargoCap*

Schienenverkehr auf der Straße: Der »Culemeyer«

Durch den Aufbau einer eigenen Lkw-Flotte für den Transport der Güter vom Bahnhof zum Kunden versuchte die Deutsche Reichsbahn in den 1930er-Jahren, der wachsenden Konkurrenz durch den Kraftverkehr entgegenzuwirken. Das kostenintensive Umladen zwischen Schiene und Straße ließ sich dadurch allerdings nicht vermeiden. Eine Idee des späteren Reichsbahn-Direktors Johann Culemeyer löste dieses Problem auf ebenso einfache wie geniale Weise. Er konstruierte ein Fahrzeug, das – ähnlich wie ein Schmalspur-Rollwagen – ein Stück Gleis trug. Die Schienenräder ersetzte er durch Vollgummireifen. Mit einer geeigneten Zugmaschine konnte die Bahn nun ihre Wagen samt Ladung auf der Straße zu Kunden ohne Gleisanschluss bringen.
Gemeinsam mit der Gothaer Waggonfabrik konstruierte Culemeyer 1932 ein zweiteiliges Fahrzeug für Lasten bis 40 Tonnen. Waren beide Teile mit ihren je acht hartgummibereiften Rädern kurzgekuppelt, konnten darauf Wagen mit einem Achsstand von 3 m transportiert werden. Waren die Teile getrennt, ließen sich darauf Fahrzeuge mit einem Achsstand bis zu 8 m befördern. Nach zahlreichen Versuchsfahrten mit Zugmaschinen von Kaelble und Henschel wurde der Straßenroller am 27. April 1933 in Berlin erstmals der in- und ausländischen Presse vorgestellt.
Der »Culemeyer« setzte sich schnell durch: Schon Ende 1933 hatte man in sechs Einsatzgebieten in Deutschland insgesamt 6.000 Güterwagen transportiert; bis 1938 waren es 200.000 Waggons für 140 Kunden. Der Bestand an Straßenrollern wuchs bis 1939 auf 59 Stück. Eines der Fahrzeuge konnte selbst fahren, zwei waren als Sattelschlepper ausgeführt. Die restlichen Fahrzeuge waren antriebslose Anhänger, die von Zugmaschinen bewegt werden mussten. Durch verschiedene Aufbauten ließen sich Straßenroller auch für Schwerlasttransporte einsetzen. So wurden zum Beispiel Zylinder mit Papier bis zu einem Durchmesser von 4,6 m, Glocken, Brückenteile, Kessel, Transformatoren und sogar Schiffe befördert.

Ein gedeckter Güterwagen wird auf einen Culemeyer-Straßenroller geladen. *Aufnahme: Helmut Säuberlich*

Der »Culemeyer« bei der DB

1947 gab es in den westlichen Besatzungszonen 132 einsatzbereite Culemeyer. Weil Straßenroller dringend benötigt wurden, entwarf die DB ab 1948 neue Typen. Gleichzeitig baute sie vorhandene Exemplare um, beispielsweise erhielten einige Fahrzeuge Luft- statt der Vollgummireifen, damit sie schneller fahren konnten. 1953 gingen die ersten Neubau-Prototypen der DB in Betrieb. Sie hatten breitenverstellbare Langträger und hydraulische Lenkung. Es folgten Ausführungen mit hydraulischer oder mechanischer Lenkung sowie Einzel- oder Zwillingsbereifung. Bis 1962 beschaffte die DB mehr als 250 neue Straßenroller. Ihre letzten stellte sie ab 1970 in Dienst. Die enorme Bedeutung des Culemeyer-Verkehrs in den frühen Bundesbahnjahren belegen folgende Zahlen: 1953 gab es 124 Straßenroller-Stützpunkte. Die Zahl der transportierten Wagen stieg zwischen 1951 und 1956 von 96.000 auf

Für die Ausstellung »Alle sollen besser leben« wurde am 12. August 1953 die DB-Lokomotive E 10 005 per Straßenroller durch Düsseldorf zum Ausstellungsgelände transportiert. *Aufnahme: Helmut Säuberlich*

174.000 Großcontainer bis 20.000 kg und der Güterkraftverkehr machten den Culemeyer überflüssig. Zahlreiche Fahrzeuge wurden seit 1987 an Fabriken und private Fuhrunternehmen verkauft. Die letzten Einsatzgebiete waren in Türkheim (Bayern), in Bremen (Firma Pacton) und in Hämelerwald bei Lehrte. Bis 1996 erhielt die Glasfabrik Tettau Güterwagen auf der Straße. Die deutsche Teilung hatte die Bahnlinie nach dem Krieg unterbrochen.

Der »Culemeyer« bei der DR

Der Deutschen Reichsbahn in der DDR verblieben nach dem Zweiten Weltkrieg weit weniger Straßenroller. Mitte der 1950er-Jahre waren viele davon verschlissen. Der VEB Waggonbau Gotha erhielt deshalb den Auftrag, zweiteilige, zwölfrädrige Straßenroller für Lasten von 40 Tonnen, 80 Tonnen und 100 Tonnen zu liefern. Aus Mangel an Rohstoffen bekamen viele Hartgummiräder. 1957/58 lieferte Tatra (ČSSR) passende Zugmaschinen mit 185 PS und einer Höchstgeschwindigkeit von 35 km/h. Die Culemeyer waren in der DDR lange unentbehrlich. So fuhren die beiden Zugmaschinen und drei Roller der Entladestelle in Chemnitz-Altendorf anfangs in drei Schichten. Die Fahrtrouten durch die Stadt waren im Hinblick auf die Tragfähigkeit der Straßen und Brücken durch die Verkehrspolizei und das Straßenbauamt festgelegt worden. Zu den 82 Kunden im Stadtgebiet gehörten u.a. die Markthalle, Spirituosenfabriken, das HO-Warenhaus, Holzhandlungen und verschiedene Industriebetriebe. Doch Ende der 1980er-Jahre war der

Culemeyer-Einsatz in der DDR auf wenige Einsatzgebiete geschrumpft. Zu dieser Zeit waren fast nur noch Kessel- und Säuretopfwagen auf den Straßenrollern anzutreffen. Sie waren gefüllt mit Chemikalien, die aufgrund der GGVE (Gefahrgut-Verordnung Eisenbahn) nicht mit Lkw transportiert werden durften. Nach der Wende liefen Culemeyer-Transporte noch eine Zeitlang in Magdeburg, Salzmünde, Eilenburg, Altenburg und Pankow. Die Folgen der Wiedervereinigung entzog dem personalintensiven Straßenrollerverkehr die Existenzgrundlage. Einige Straßenroller blieben museal erhalten.

Schienenverkehr auf der Straße: Die Dresdner »CarGoTram«

Seit es Straßenbahnen gibt, gab es immer wieder Bestrebungen, mit ihr auch Waren zu befördern. Von ganzen Güterzügen über einzelne Spezialwaggons bis zur Gepäckbeförderung in planmäßigen Straßenbahnzügen des Personenverkehrs reicht die Palette unterschiedlicher Lösungen. Wo es möglich war, wurden sogar normale Lkw-Anhänger mit Gummireifen an die Straßenbahnwagen angehängt. Wegen der schwieriger werdenden Ölversorgung beschloss die Regierung der DDR Anfang der 1980er-Jahre, den Güterverkehr auf der Straßenbahn wieder zu verstärken. In Magdeburg transportierte die Tram beispielsweise Trabant-Pkw auf Plattformwagen quer durch die Stadt. Eine flächendeckende Verteilung von Gütern ist logistisch innerhalb des normalen Personenverkehrs allerdings nicht realisierbar. Dennoch prüfte die Stadt Dresden in den Jahren nach der Wende, ob Kaufhäuser in der Innenstadt über unterirdische Anschlüsse von zentralen Lagern aus versorgt werden könnten oder ob sich größere Mengen Aushubmaterial von Baustellen mit der Straßenbahn abfahren ließen. Letztlich scheiterten die Pläne an wirtschaftlichen und logistischen Problemen. Die Zeit der Gütertram schien endgültig vorbei zu sein.

Doch es kam anders: 1997/98 entschied sich der VW-Konzern, am »Großen Garten« in Dres-

Schienengüterverkehr mitten in der Großstadt: Die Dresdner »CarGoTram« versorgt die »Gläserne Manufaktur« der Volkswagen AG zuverlässig und umweltfreundlich mit Gütern.
Aufnahme: Marc Dahlbeck

den die »Gläserne Manufaktur« zu errichten. Hier sollten neue Autos vor den Augen der Kunden montiert werden. Allerdings stieß die Standortwahl zunächst auf Widerstände, befürchtete man doch, dass hier ein »schönes Stück« Dresden der Autofabrik geopfert werden solle. Außerdem war ein erheblicher Zuwachs des Lkw-Verkehrs zu erwarten, denn die »Gläserne Manufaktur« sollte ihr Material »just in time« vom neu gebauten Güterverkehrszentrum westlich der Innenstadt erhalten. Sowohl die Manufaktur als auch das Güterverkehrszentrum liegen an leistungsfähigen Straßenbahnstrecken. Um die Innenstadt nicht mit weiterem Lkw-Verkehr zu belasten, entstand nun die Idee, für den Materialtransport zwischen beiden Standorten spezielle Güterstraßenbahnen einzusetzen. Was fehlte, waren lediglich die notwendigen Abzweigungen und Anschlüsse. An beiden Enden der Güterstrecken wurden Ausfädelungen und Aufstellgleise gebaut, sodass der Linienverkehr durch die Verladung nicht beeinflusst wurde. Die Züge der »CarGoTram« mussten so konzipiert werden, dass sie auf dem gesamten Dresdner Netz freizügig fahren konnten, um etwa bei Unfällen umgeleitet werden zu können. Neben den Abmessungen betrifft dies auch die Technik wie etwa die Steuerung von Weichen, Signalen und Fahrgastinformationsanlagen.

2001 nahm die Güterstraßenbahn ihren Betrieb auf. Derzeit wird für mehr als 21 Stunden täglich ein 40-Minuten-Takt angestrebt. Je nach Auslastung des Werks wird davon aber immer wieder abgewichen. Die Route verläuft vom Güter-

Fünfteiliger Zweirichtungs-Güterstraßenbahnzug

	Steuerwagen	Mittelwagen
Baujahr	2000	
Hersteller	Schalker Eisenhütte Maschinenfabrik GmbH	
Länge über Kupplung	11.925 mm	11.850 mm
Breite des Wagenkastens	2.200 mm	
Leermasse	21,8 t	17,4 t
maximale Zuladung	7.500 kg	15.000 kg
Transportvolumen	26,8 m³	53,5 m³
Höchstgeschwindigkeit	50 km/h	

Güterverkehr mit der Straßenbahn in den 1950er-Jahren. Ein Dresdner Gemüsehändler erhält seine Ware direkt vors Haus geliefert.

Aufnahme: Archiv Dresdner Verkehrsbetriebe AG

verkehrszentrum Dresden-Friedrichstadt über den Postplatz, die Grunaer Straße und den Straßburger Platz bis zur Gläsernen Manufaktur. Den neuen Fahrzeugen lag ein gemeinsam von VW und den Dresdener Verkehrsbetrieben (DVB) erarbeitetes Lastenheft zu Grunde. Um die Transporte zu wettbewerbsfähigen Preisen anbieten zu können, mussten die Fahrzeuge die maximal zulässigen Abmessungen voll ausnutzen. Zudem mussten die von VW vorgegebenen Paletten- und Containergrößen berücksichtigt werden. Deshalb wurde im Lastenheft eine Länge von 60 m und eine Breite von 2,20 m vorgegeben. Als weitere Bedingung wurden zwei Führerstände gefordert. Im März 2000 unterzeichneten Vertreter von VW und DVB die Transportverträge. Den Zuschlag für den Bau zweier Güterstraßenbahnzüge und zweier Ersatzmodule erhielt die Schalker Eisenhütte Maschinenfabrik. Wegen der Kurvenradien und der Anforderungen für Beschleunigung und Bremsverzögerungen bestehen die Züge aus fünf Modulen mit je zwei angetriebenen

Weit verbreitet sind die Zweiwege-Unimogs aus dem Hause Daimler-Benz. Für den Einsatz auf Gleisen benötigen sie neben den Spurrädern auch eine eisenbahntypische Ausstattung wie etwa ein Dreilicht-Spitzensignal. Aufnahme: Claus-Jürgen Jacobson

Fahrwerken. Der Laderaum eines Straßenbahnzugs entspricht mit 210 m³ dem von mehr als drei Lastzügen. Für die hochflurige Konstruktion konnten kostengünstige Antriebsdrehgestelle aus alten Tatra-Wagen der DVB genutzt werden. Die Drehgestelle wurden bei Schalke überarbeitet und mit neuen Motoren ausgestattet. Besonderer Wert wurde auf die Gestaltung der blauen Züge gelegt. Einerseits sollen sie sich ins Stadtbild einfügen, andererseits sollen sie sich deutlich von den Straßenbahnwagen für Fahrgäste unterscheiden.

Straßenverkehr auf der Schiene«: Autos auf Schienen

Eigentlich liegt der Gedanke nahe, für kleinere Transporte oder als Bahndienstfahrzeug statt teurer Lokomotiven nebst Waggons einfach ein schienentaugliches Kraftfahrzeug zu verwenden. Dabei bot sich auch die Möglichkeit, Schienenräder zusätzlich zu den »Straßenrädern« zu montieren und somit ein Zweiwege-Fahrzeug zu bekommen, das sowohl auf der Schiene als auch auf der Straße fahren konnte. Die Möglichkeit, Straßenfahrzeuge auf Schienen einzusetzen, wurde auch vom Militär entdeckt, das zahlreiche Lkw für den Schieneneinsatz umrüsten lies. Einige dieser Fahrzeuge bekamen Seitenpuffer und Kupplungen. Mit ihnen konnten Wagen verschoben werden, ohne auf eine herkömmliche Lok zurückgreifen zu müssen. Dies war besonders im Krieg von Vorteil, denn die Schienenautos konnten wegen der fehlenden Dampffahne besser vor Luftangriffen geschützt werden als Dampfloks. Auch konnten sie noch in Sicherheit gebracht werden, wenn das Schienenstück, auf dem sie eingesetzt worden waren, bereits vom restlichen Netz abgeschnitten war.

Während die Entwicklung reiner Schienen-Lkw in Deutschland nach dem Zweiten Weltkrieg nur noch in Ausnahmefällen vorangetrieben wurde, entwickelte man die Zweiwegefahrzeuge zu einer günstigen Alternative für Betriebe mit einem Gleisanschluss, auf dem die Wagen auch verschoben werden mussten. Zum einen reichte die Leistung der Zugmaschinen aus, um die Wagen zu bewegen, zum anderen konnten sie »Straßenaufgaben« erledigen, wenn die Rangierarbeiten beendet waren. Anfangs war der Wechsel der Räder an den Zweiwegefahrzeugen noch kompliziert, denn die Schienenräder wurden anstelle der Straßenräder montiert. Dazu musste das Fahrzeug aufwändig angehoben und die jeweils anderen Räder bereitgehalten werden. Neue Zweiwegefahrzeuge behalten ihre Straßenräder. Diese dienen auch auf der Schiene als Antrieb. Damit die Fahrzeuge nicht von den Gleisen fahren, haben sie vorn und hinten kleine Spurrollen, die bei den meisten Typen hydraulisch gesenkt und gehoben werden können. Somit ist der Wechsel der Fahrbahn kein Problem. Das Zweiwegefahrzeug fährt auf ein im Straßenbett eingelassenes Gleis, senkt die Spurrollen ab und kann sofort auf dem Gleis weiterfahren. Ein bekanntes Beispiel dafür ist der Unimog von Mercedes-Benz, der heute noch bei vielen Anschließern zu finden ist. Weil die Fahrzeuge auf Schienen eingesetzt werden, benötigen sie dafür eine besondere Zulassung, deshalb müssen bahntypische Einrichtungen wie das Dreilicht-Spitzensignal oder rote Zugschlussleuchten auf beiden Seiten vorhanden sein. Viele Fahrzeuge haben dazu noch eine automatische Rangierkupplung, die die Arbeit des Personals erleichtert.

1957 versuchte die DB das Prinzip der Zweiwegefahrzeuge auf ihr Gütertransportsystem zu übertragen und stellte eine Kombination aus Güterwagen und Lkw-Sattelauflieger in Dienst. Dabei konnte ein zweiachsiger Sattelauflieger mit Planenabdeckung zum Güterwagen umgerüstet werden, in dem vorn und hinten ein

Auf den 950 mm schmalen Gleisen der Staatsbahn von Eritrea erledigt dieses urige Gefährt den Güterverkehr. Dass es einst als LKW auf der Straße unterwegs war, ist nicht schwer zu erkennen. Aufnahme: Dirk Höllerhage

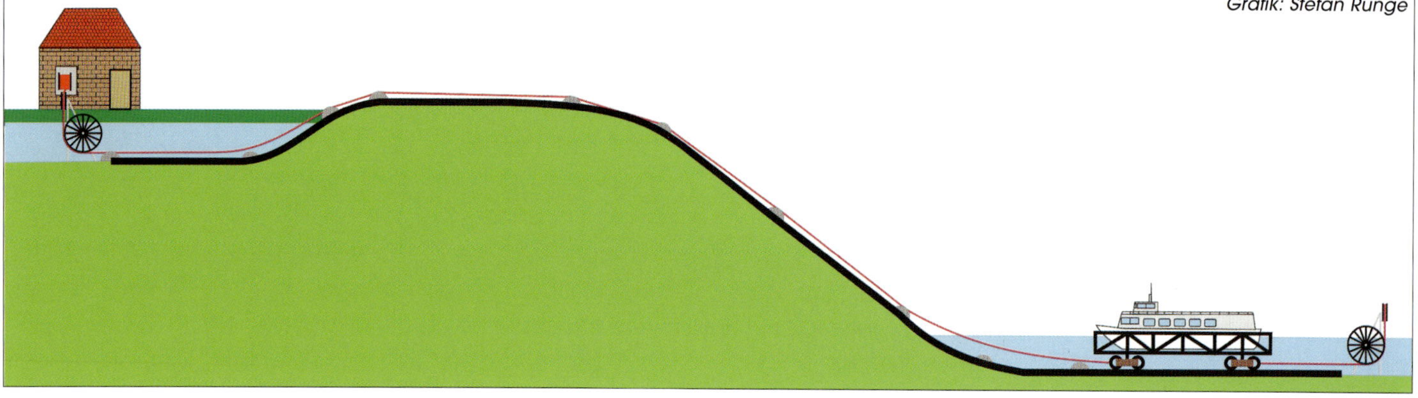

Prinzipskizze der geneigten Ebenen am oberländischen Kanal.
Grafik: Stefan Runge

Schienenradsatz untergeschoben wurde. Das Umsetzverfahren war zeitaufwändig und konnte nur an speziellen Umsetzstellen ausgeführt werden, wo die Schienenräder verstaut waren, wenn das Fahrzeug auf der Straße unterwegs war. Wegen der komplizierten Technik kam das Projekt nicht über das Versuchsstadium hinaus. 1991 wurde das System »wiederentdeckt« und hat sich heute als »Trailerzug« etabliert. Beim Trailerzug werden je zwei Lkw-Sattelauflieger durch ein zweiachsiges Drehgestell verbunden und zu einem längeren Zug vereinigt. An beiden Enden sind Drehgestelle mit normalen Puffern und Kupplungen untergeschoben, sodass die Auflieger von normalen Lokomotiven gezogen werden können. Beim Verladen der Auflieger fährt der Lkw rückwärts gegen das gebremste Drehgestell, hebt den Auflieger etwas an, fährt über das Drehgestell und setzt ihn dann ab. Danach werden die Stützen des Aufliegers ausgefahren, die Zugmaschine fährt weg und das nächste Drehgestell kann untergeschoben werden. Damit das Verfahren rentabel ist, sind die Trailerzüge als Ganzzüge zwischen zwei weit entfernten Knotenbahnhöfen wie z. B. München und Verona unterwegs, in denen sie zusammengestellt bzw. aufgelöst werden.

Die Blütezeit der Autos auf Schienen war in Deutschland Ende der 1960er-Jahre vorbei. In den Entwicklungsländern jedoch haben solche Konstruktionen bis heute ihre Bedeutung behalten. Für leichten Materialtransport oder zur Streckenunterhaltung sind noch viele Draisinen und Schienen-Lkw, meist in Form von alten »PickUp«-Fahrzeugen im Einsatz und befördern sowohl Güter als auch Passagiere.

Schiffe auf Rädern: Der Oberländische Kanal

Zwischen 1844 und 1858 entstand unter der Leitung des königlich preußischen Baurates Georg Steenke aus Königsberg eine knapp 130 Kilometer lange künstliche Wasserstraße, die Ostpreußen mit der Ostsee verbinden sollte: der Oberländische Kanal. Der Kanal führt von Deutsch Eylau/Ilawa nach Elbing/Elblag und muss auf gesamter Länge einen Höhenunterschied von 99,3 m überwinden. Neben herkömmlichen Schleusen dienen dazu im Abschnitt Osterode/Ostróda – Elbing/Elblag insgesamt fünf Schrägaufzüge, mit deren Hilfe die Schiffe die Hänge hinauf- und hinunterbefördert werden.

Der Kanal war anfangs eine bedeutende Erleichterung für den Holztransport aus der Region. Doch verlor er durch den Bau von Eisenbahnstrecken schon bald seine wirtschaftliche Bedeutung. Heute ist er in erster Linie eine touristische Attraktion in den Masuren, wird aber von Ausflugsschiffen nach wie vor in voller Länge genutzt. Auf einer Gesamtlänge von 2,31 Kilometern werden die Ausflugsschiffe vom Transporteur zum Ladegut: In den »geneigten Ebenen«

von Neu Kußfeld/Caluny (Länge 0,45 km, Höhe 13 m), Hirschfeld/Jelenie (0,51 m/ 22,5 m), Schönfeld/Olesnica (0,35 km/4,5 m),Kanthen/Katy, (0,45 km/ 18 m) und Buchwalde/Buczyniec, (0,55 km/ 21,5 m) fahren die Dampfer, verladen auf entsprechende Transportwagen, auf Schienen den Berg hinauf und hinab.

Jede dieser »geneigten Ebenen« besteht aus zwei parallel verlaufenden geraden Gleisen, auf denen je ein Transportwagen mit acht Rädern läuft. Die Gleise tauchen an ihren Enden ins Wasser ein, sodass die Transportwagen dort im Kanal »versinken«. Dann sind über Wasser nur die seitlichen Begrenzungsgeländer zu sehen. Beide Fahrzeuge sind über ein »endloses« Seil, das auf Rollen geführt wird, miteinander verbunden. Am unteren Ende wird das Seil über im Wasser montierte große Rollen umgelenkt, oben wird es durch ein Maschinenhaus geleitet, wo es angetrieben wird.

Der Antrieb erfolgt bei vier Rampen über Schaufelräder, die die Strömung des Flusses nutzen. Dazu strömt das Wasser aus dem Fluss durch Rohre in einen Sammelbehälter über den Schaufelrädern und fällt bei Bedarf auf diese herunter. Bei der fünften Rampe wurde eine Turbine statt der Schaufelräder eingebaut.

Kommt nun ein Schiff an der Hubanlage an, muss der Kapitän sein Schiff vorsichtig zwischen die als Markierung dienenden Begrenzungen des »versenkten« Wagens manövrieren. Ist das Schiff eingefahren, setzt sich der Transportwagen in Bewegung und nähert sich dem Schiff von unten soweit an, bis dieses aufsetzt. Als »Güterzug der besonderen Art« geht die Fahrt mitsamt den Passagieren an Bord nun über Land den Berg hinauf. Oben überwindet die Fuhre den Damm, der das Kanalbett talseitig begrenzt, senkt sich anschließend wieder ins Wasser und gibt das Schiff frei. Die Massen der beiden Wagen gleichen sich aus, der Betrieb erfolgt gegenläufig, d. h., die Wagen sind immer gleichzeitig auf der Strecke und begegnen einander in der Mitte. So kommt die Anlage, mit der immerhin Schiffe bis zu einem Gewicht von 600 Tonnen befördert werden können, mit einer Antriebsleistung von nur ca. 60 PS aus.

Transport eines Ausflugsschiffes über eine der geneigten Ebenen. Oben ist der »Gegenzug« bereits zu erkennen.

Aufnahme: Monika Linsel/Eberhard Riethmüller

Schiffe am Haken: Treidelloks am Panama-Kanal

Der 81, 6 km lange Panama-Kanal verbindet an der schmalsten Stelle der Landverbindung zwischen Nord- und Südamerika den Atlantik mit dem Pazifik. Er verläuft zwischen den Städten Colón und Panama-Stadt, führt durch den aufgestauten Gatunsee und stellt die schnellste Seeverbindung zwischen West- und der Ostküste Amerikas dar.

1881 begann die Panamakanal-Gesellschaft unter ihrem Präsidenten Graf Ferdinand de Lesseps (Erbauer des Suezkanals) mit dem Bau, die Konzession hatte noch die 1876 gegründete Vorgängergesellschaft »Société Civile Internationale du Canal Interocéanique« erworben. Nach dem Konkurs der Gesellschaft und der Abspaltung Panamas von Kolumbien gelang es erst unter massivem Einfluss der USA, die aus strategischen Gründen an der Wasserstraße enormes Interesse hatten, den Kanal bis 1914 fertig zu stellen. Erst 1920 wurde er offiziell eröffnet. Der Kanal verkürzte die 30.000 Kilometer lange Schiffspassage von der Ost- zur Westküste Nordamerikas rund um Kap Hoorn auf nurmehr 10.000 km. Rund 14.000 Schiffe jährlich nutzen die zwischen 8 und 12 Stunden dauernde Passage.

Herzstück des Kanals sind drei Schleusen mit insgesamt 46 Kammern, die die Höhendifferenz zwischen dem Gatun-Stausee (26 m ü. NN) und den beiden Ozeanen ausgleichen. Richtung Atlantik liegen die Gatun-Schleusen, Richtung Pazifik die Perdro-Miguel- und die Miraflores-Schleusen. Die Schleusenkammern sind 305 m lang, 33,5 m breit und 26,3 m hoch. Für jeden Hubvorgang fließen 197 Mio. Liter Süßwasser aus dem höher liegenden See in eine Kammer. Die Schleusen sind paarweise angelegt, sodass Schiffe einander ausweichen können. Vor der Einfahrt in die Schleuse werden die Schiffe von Treidellokomotiven, so genannten »Mulis«, an den Haken genommen. Dazu liegen an beiden Seiten der Kammern Gleise. Auf ihnen fahren zweiachsige Elektroloks, die aus Japan stammen. Sie haben einen Mittelführerstand, auf bei-

Kleine Lok vor großem Kahn: Die »Rhapsody of the Seas« wird von der Zahnradbahn in die Schleusenkammer des Panamakanals gezogen.

Aufnahme: Sammlung Helmut Säuberlich

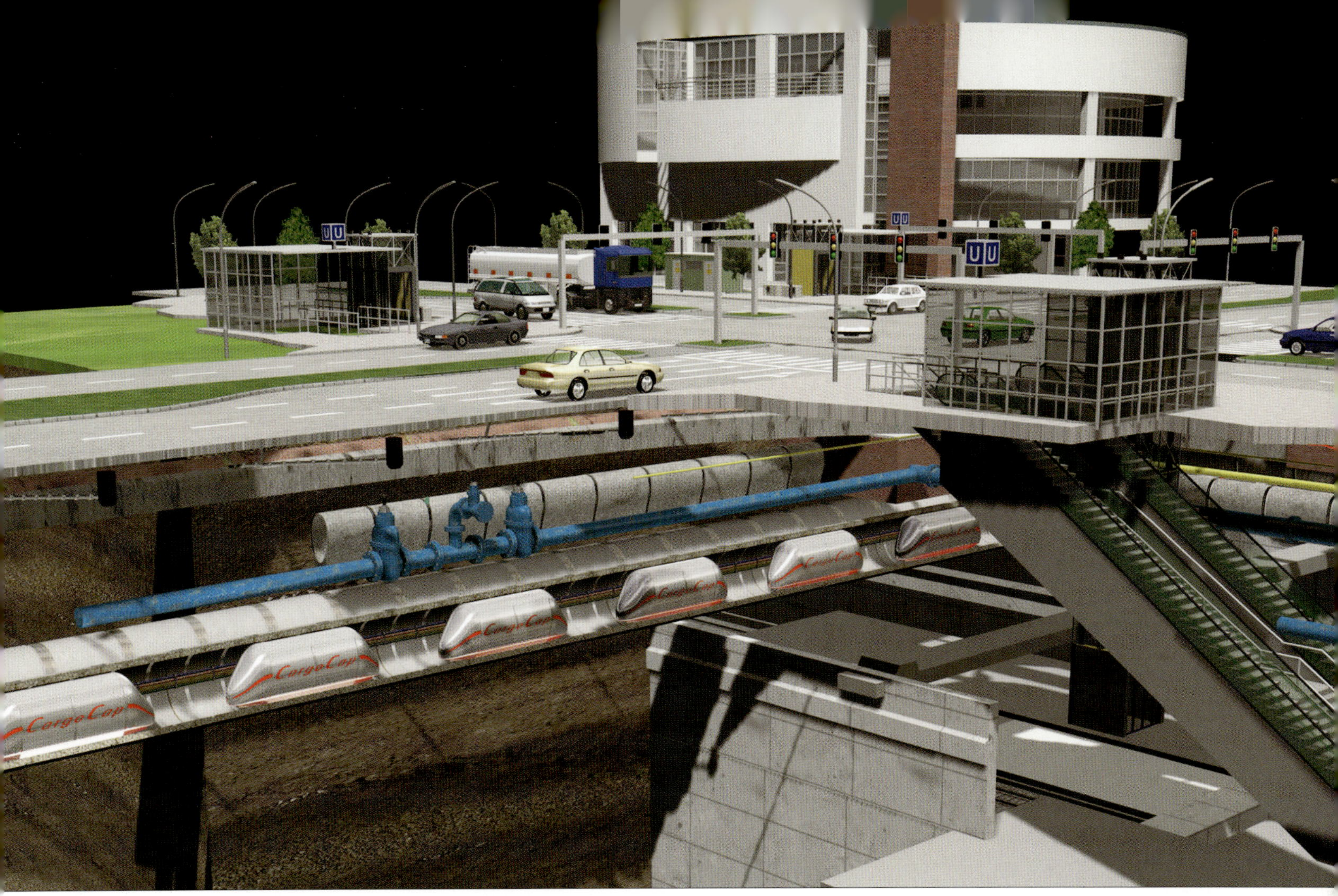

Zukunftsvision: So könnte ein Verkehrsknotenpunkt in einer deutschen Großstadt aussehen, wenn »CargoCap« seinen Betrieb aufgenommen hat. *Grafik: CargoCap*

den Seiten große ovale Puffer und einen Zahnradantrieb. Die Zahnstange ist nötig, weil die Gleise auf extrem steilen Rampen den Höhenunterschied überwinden müssen. Konstruiert wurde die Treidelbahn von dem Schweizer Ingenieur Niklaus Riggenbach, daher griff man auch auf das nach ihm benannte Zahnstangensystem zurück. Die Loks können über Kuppelstangen miteinander verbunden weren. Die Lokomotiven sind etwa 50 Tonnen schwer und erreichen eine Höchstgeschwindigkeit von 16 km/h. Damit die Schiffe zwischen den Lokomotiven stabilisiert werden können, haben die Loks je zwei hydraulische Seilwinden, mit denen die Seile zwischen Schiff und Lok gespannt werden. Je nach Größe des Schiffes schleppen vier bis acht Maschinen die Schiffe durch die Schleusen beziehungsweise stabilisieren sie gegen die beim Wasserein- und -auslass auftretenden Strömungen in den Kammern. Ob der Treidelverkehr nach der geplanten Erweiterung der Schleusen (von 33,5 auf 55 m Breite und von 305 auf 427 m Länge) beibehalten wird, ist derzeit leider ungewiss.

Unter der Erde ins Zentrum: »CargoCap«

In Deutschland hat die Straße inzwischen ihre Kapazitätsgrenzen erreicht. Laut ADAC stehen täglich auf circa 10 % des 11.000 km langen deutschen Autobahnnetzes die Fahrzeuge im Stau. Die damit verbundenen Kosten werden derzeit mit rund 100 Milliarden Euro pro Jahr beziffert und es ist davon auszugehen, dass sich die Situation in den kommenden Jahren weiter verschärfen wird. In Ballungsgebieten besteht wegen der hohen Bevölkerungsdichte und der Wirtschaftsstruktur eine große Nachfrage an Transport-Dienstleistungen, etwa für die Versorgung mit Waren des täglichen Bedarfs oder die Lieferungen kleinerer Warenmengen für Unternehmen, die zeitgenau beim Empfänger ankommen müssen. Eine Erweiterung des Straßennetzes ist jedoch meist nicht mehr möglich. Um die Versorgung auch in Zukunft sicher zu stellen, wurde mit »CargoCap« eine Alternative zum Transport auf der Straße entwickelt.

Die aerodynamischen Caps sind für Gütertransporte im Nah- und Regionalverkehr der Ballungsräume bis zu einer Entfernung von etwa 150 km konzipiert. Sie sollen 24 Stunden am Tag in unterirdischen, weit verzweigten Netzen aus Fahr-Rohrleitungen Güter befördern. Das System entstand an der Ruhr-Universität Bochum unter Leitung von Prof. Dr.- Ing. Dietrich Stein und mit Unterstützung des heutigen Ministeriums für Innovation, Wissenschaft, Forschung und Technologie des Landes Nordrhein-Westfalen. Auf einer 160 m langen Modellstrecke im Maßstab 1:2 können die ersten Fahrzeuge ihre Einsatzfähigkeit bereits unter Beweis stellen. Eine erste Probestrecke im Maßstab 1:1 soll in Kürze folgen.

»CargoCap« ist unabhängig und unbeeinflusst von anderen Verkehrsträgern. Durch den konstanten Transportfluss führt die vermeintlich geringe Geschwindigkeit von nur 36 km/h zu einer erheblich kürzeren Transportzeit gegenüber dem Lkw im Ballungsraum. Zudem beeinflusst »CargoCap« die Umgebung weder durch Lärm noch Abgase. Computergesteuerte Caps mit einem Fassungsvermögen von je zwei Euro-Paletten ermöglichen die Eingliederung in bestehende Logistikketten. Die Beladung mit nur zwei Euro-Paletten je Cap schafft Flexibilität bei der Verteilung der Waren. Vollautomatische Be- und Entladestationen machen den Umschlag schnell und kostengünstig. Die zweiachsigen Caps fahren auf Schienen mit einer Spurweite von 800 mm und werden elektrisch angetrieben. Ihre Drehstrommotoren zeichnen sich durch geringen Energieverbrauch, niedrige Anschaffungskosten und eine lange Lebensdauer bei gleichzeitig geringem Wartungsaufwand aus. Die Stromschienen der Energieversorgung werden über Unterwerke aus dem öffentlichen 50-Hz-Netz mit einer Spannung von 500 V gespeist. Die Energie wird berührungslos durch elektromagnetische Induktion an die Wagen übertragen. Bei hohem Transportaufkommen gruppieren sich mehrere Caps zu dicht hintereinander fahrenden Verbänden. Der Abstand zwischen den einzelnen Caps verringert sich dabei auf ca. 2 m und wird per Radar überwacht. Der geringe Abstand und die individuelle Kapselsteuerung erfordern allerdings ein neuartiges Verzweigungssystem, damit einzelne Fahrzeuge ohne Geschwindigkeitsreduzierung aus einem Verband ausgeschleust werden können. Die Weiche ist dabei das passive Element und kommt ganz ohne bewegliche Teile aus. Das Fahrzeug biegt aktiv und selbsttätig ab. Die Fahrtrichtung wird dabei vom Bordcomputer eines jeden Fahrzeugs je nach Ziel vor dem Eintritt in den Verzweigungsbereich gewählt. Sämtliche Bordcomputer kommunizieren miteinander über Wireless-LAN-Technik. Die Fahrrohre bestehen aus preiswerten, seit Jahren genutzten und modifizierten Vortriebsrohren mit einem Innendurchmesser von 1.600 mm. Mit Hilfe des Rohrvortriebsverfahrens können sie präzise und unbemerkt von der Bevölkerung unterirdisch verlegt werden.

Direkt ins Haus: Das Transportsystem Thuma

Die Vision eines ganz anderen Transportsystems präsentiert Hans-Jürgen Thuma aus Blaustein. Während bei herkömmlichen Systemen kleine Verpackungseinheiten unterschiedlicher Abmessungen und Gewichte zu großen Einheiten mit gleichen Abmessungen und Gewichten zusammengefasst werden, ermöglicht das System »Thuma« das Versenden von Einheiten unterschiedlicher Größen direkt vom Versender zum Empfänger. Wie bei der Verteilung von Wasser und Strom oder dem Zugang zum Internet sollen die Waren in entsprechenden »Leitungen« direkt ins Haus geliefert werden. Mit »Thuma« wäre schon der Versand einzelner

Produkte vom Hersteller zum Verbraucher lohnend. Der Transport würde sich »verflüssigen«, die Waren tatsächlich strömen. Sie könnten in exakt der gewünschten Menge »just in time« geordert oder zu verkehrs- und somit preisgünstigen Zeiten transportiert werden. Dabei ließen sich verschiedene Güter mit gemeinsamen Teilstrecken an Umladestationen vollautomatisch auf größere und schnellere Fahrzeuge umladen.

Nach den Plänen des Entwicklers bestehen die in Längsrichtung senkrecht geschlitzten »Leitungen« des Systems aus aufgeständerten Tragschienen, die innerhalb von Gebäuden an der Decke montiert werden. Mehrere Laufschienen bilden parallele Strecken mit unterschiedlichen Spurweiten. Darauf werden die Waren mit selbstfahrenden Wagen unterschiedlicher Größe befördert. Kleine Fahrzeuge fahren auf verschiedenen Laufschienenpaaren der gleichen Tragschiene aneinander vorbei. Größere Lasten hängen als Gondeln an den Fahrwerken. Ganz große Lasten werden an mehrere Fahrwerke nebeneinander liegender Tragschienen gehängt. Zunächst sollen die Fahrzeuge ganz konventionell mit Elektromotoren angetrieben werden. Geplant ist aber, die Schienen für Linearmotoren- und Magnetschwebetechnik vorzubereiten. Lasten könnten mit Hilfe der Gondeln überall unter den Schienen abgesetzt werden. Sind die Schienen seitlich verfahrbar, kann die Ware wie mit einem Hallen- oder Portalkran an jedem beliebigen Punkt abgesetzt werden.

Ähnlich wie Datenpakete im Internet wissen die Fahrzeuge selbst, wohin sie müssen. Mit Hilfe der Informationen zu Spurweite, Abmessungen, Leergewicht und Zuladung versuchen sie das Ziel innerhalb des vorgegebenen Zeit- und Kostenrahmens zu erreichen, indem sie eigenständig ihre Route planen und Informationen aus dem Internet oder aus Datenleitungen im Schienensystem nutzen. Kann der Termin oder die Kostenvorgabe nicht eingehalten werden, meldet sich das Fahrzeug automatisch.

Ganze Produktionslinien könnten mit kleinen und großen Bauteilen versorgt werden. Das fertige Produkt würde vollautomatisch abtransportiert und beispielsweise einer anderen Produktionslinie übergeben oder in einem Lkw abgesetzt. Es könnte aber auch direkt an seinen Bestimmungsort fahren. Teure Maschinen oder Spezialroboter, deren Anschaffung sich nicht lohnen, könnten gemietet und zur rechten Zeit am richtigen Ort eintreffen. Vollautomatische oder fernbedienbare Löschgeräte könnten auf ihren Einsatz in verqualmten Tunnels oder Lagerhallen warten. Im Brandfall würden sie die ohnehin vorhandenen Schienen benutzen, andere Fahrzeuge würden automatisch umgeleitet. Auf Theater- und Showbühnen könnten Kulissen, Scheinwerfer und Kameras automatisch verschoben und gewechselt werden. Fällt ein Scheinwerfer aus, macht er sich selbständig auf den Weg zur Reparatur, ein anderer nimmt seinen Platz ein. Man könnte dieses Transportsystem in Schiffen, Containern, Flugzeugen, Lieferwagen und Lkw installieren, um diese automatisch zu be- und entladen oder um größere Strecken zwischen zwei Netzwerken zu überbrücken.

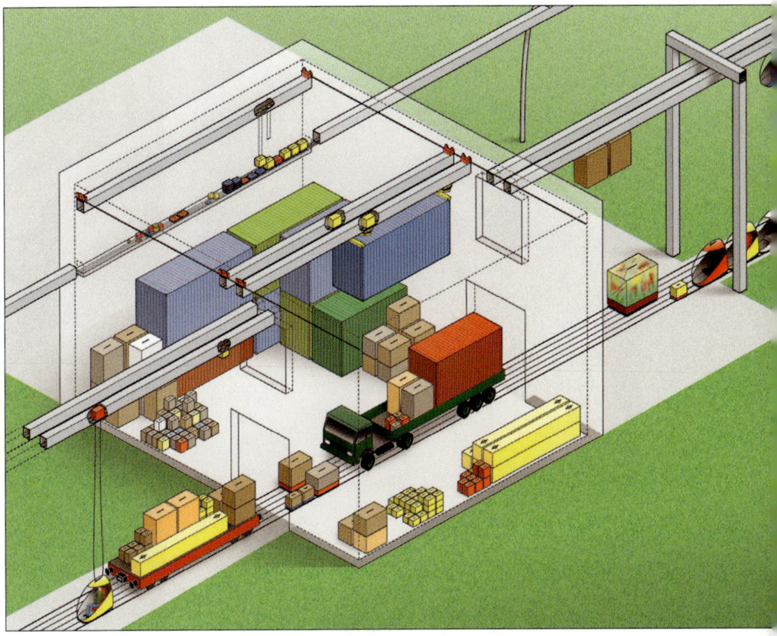

Umladung von Gütern im Transportsystem Thuma: Je nach Größe und Gewicht werden die Einheiten stehend oder hängend weitertransportiert. *Grafik: Hans-Jürgen Thuma*

Rund um die Schiene

David Ross
Züge und Lokomotiven
In diesem Band, der den Namen »Enzyklopädie« mehr als verdient hat, finden sich 900 Loktypen aus aller Welt, ob mit Dampf, Diesel oder Strom angetrieben.
544 Seiten, 900 Bilder **Bestell-Nr. 71266 € 49,90**

Johannes Schwarze
Die Dampflokomotive
Ein Reprint des Klassikers zur Dampfloktechnik aus dem Jahr 1965. Darin ist alles enthalten über Entwicklung, Aufbau, Wirkungsweise und Bedienung der Dampflok sowie über Lokomotivschäden und deren Beseitigung. Dabei bietet das Werk noch einmal Gelegenheit zu einem Blick in die Welt des klassischen Maschinenbaus.
964 Seiten, 515 Bilder **Bestell-Nr. 70791 € 50,–**

Jan Reiners
Deutsche Dampflokomotiven im Bild
Welche Leistung hat welche Baureihe, wann wurde sie zuerst in Dienst gestellt und auf welchen Strecken? Diese und viele andere Fragen beantwortet dieser Titel. Außerdem enthält jedes Kapitel einen einführenden Abschnitt, der das technische Fachwissen vermittelt.
144 Seiten, 124 Bilder, davon 50 in Farbe, 24 Zeichn.
Bestell-Nr. 71292 € 19,95

Jan Reiners
Deutsche Schmalspur-Dampfloks im Bild
Schmalspurloks sind nicht so elegant wie ihre normalspurigen Schwestern, aber ihr originelles Äußeres hat ihnen auch eine große Fangemeinde beschert. Somit lag es nahe, diesen Fans ein Buch an die Hand zu geben, in dem sie alles zu ihrer Leidenschaft erfahren.
128 Seiten, 111 Bilder, davon 99 in Farbe, 17 Zeichn.
Bestell-Nr. 71316 € 19,95

André Papazian
100 legendäre Züge
Hundert legendäre Züge stellt dieser Prachtband vor. Der Reigen reicht vom deutschen Schienenbus bis zum Eurostar und umfasst die bekanntesten und gefragtesten Züge europaweit: Dabei tauchen so klangvolle Namen wie »Rheingold« oder »Glacier Express« auf.
144 Seiten, 240 Bilder, davon 182 in Farbe, 2 Zeichn.
Bestell-Nr. 71306 € 24,90

IHR VERLAG FÜR EISENBAHN-BÜCHER
Postfach 10 37 43 · 70032 Stuttgart
Tel. (07 11) 2108065 · Fax (07 11) 2108070
www.paul-pietsch-verlage.de

trans press